GONGYE QINGXIJI
PEIFANG YU ZHIBEI

工业清洗剂
配方与制备

李东光　主编

U0234999

化学工业出版社

·北京·

本书对 230 种工业清洗剂配方进行了详细介绍，包括原料配比、制备方法、原料介绍、产品应用、产品特性等内容，所介绍产品具有除油、除锈、防锈等功能。

本书适合从事工业清洗剂生产、研发的人员使用，也可供精细化工等相关专业师生参考。

图书在版编目（CIP）数据

工业清洗剂配方与制备 / 李东光主编 .—北京：
化学工业出版社，2019.6（2023.7重印）
ISBN 978-7-122-34195-2

Ⅰ.①工… Ⅱ.①李… Ⅲ.①工业用洗涤剂 Ⅳ.
①TQ649.6

中国版本图书馆 CIP 数据核字（2019）第 057562 号

责任编辑：张 艳 刘 军　　　　文字编辑：陈 雨
责任校对：张雨彤　　　　　　　装帧设计：王晓宇

出版发行：化学工业出版社（北京市东城区青年湖南街 13 号 邮政编码 100011）
印　　装：北京虎彩文化传播有限公司

710mm×1000mm　1/16　印张 13½　字数 252 千字　2023 年 7 月北京第 1 版第 4 次印刷
购书咨询：010-64518888　　售后服务：010-64518899
网　　址：http://www.cip.com.cn

凡购买本书，如有缺损质量问题，本社销售中心负责调换。

定　　价：68.00 元　　　　　　　　　　　　　　版权所有　违者必究

前　言

在工业上用来除去污垢的化学或生物制剂统称为工业清洗剂。工业清洗剂按化学性质分为非水系和水系两种。

(1) 非水系工业清洗剂：简单来说就是不溶于水，不能加水使用的工业清洗剂。如碳氢清洗剂、白电油替代品、三氯乙烯替代品等都属于此类。

(2) 水系工业清洗剂：简单来说就是可溶于水，可加水稀释使用的工业清洗剂。水系工业清洗剂主要是以表面活性剂为主，增加其他各种化学药剂等复配而成的。水系工业清洗剂现已广泛用于清洗工业中清洗塑胶、光学玻璃镜片、金属制品（铜、铁、铝、钢、锌、合金）等各种材料表面的油污、污渍、油脂等。

工业清洗剂一般应满足下述技术要求（用于不同的清洗目的与清洗对象的清洗剂，对于这些要求可以有所侧重或取舍）：(1) 清洗污垢的速度快，溶垢彻底；清洗剂自身对污垢有很强的反应、分散或溶解清除能力，在有限的工期内，可较彻底地除去污垢。(2) 对清洗对象的损伤应在生产许可的限度内，对金属可能造成的腐蚀有相应的抑制措施。(3) 清洗所用药剂便宜易得，并立足于国产化；清洗成本低，不造成过多的资源消耗。(4) 清洗剂对生物与环境无毒或低毒，所生成的废气、废液与废渣应能够被处理到符合国家相关法规的要求。(5) 清洗条件温和，尽量不依赖于附加的强化条件，如对温度、压力、机械能等不需要过高的要求。(6) 清洗过程中不在清洗对象表面残留不溶物，不产生新污渍，不形成新的有害于后续工序的覆盖层，不影响产品的质量。(7) 不产生影响清洗过程及现场卫生的泡沫和异味。

随着我国新型工业化进程的加快，清洗已经成为工业生产中的一个必不可少的重要环节，工业洗涤剂的市场需求将会持续保持高位增长，同时这样对清洗技术进步提出了新的、更高的要求。中国现有约4000家洗涤用品制造商、分销商和代理商，工业和商业用途用洗涤用品的最终用户就达到500万家。工业清洁洗涤剂行业的产值约为200亿元，而国外厂商在中国的份额目前约为30亿元人民币，中国每年约潜藏着3000亿元人民币的专业清洁市场需求量。

为了满足读者需要，我们在化学工业出版社的组织下编写了这本《工业清洗剂配方与制备》，书中收集了大量的、新颖的配方与工艺，旨在为读者提供实用的、可操作的实例，方便读者使用。

本书的配方多以质量份表示，如配方中有注明以体积份表示的情况，需注意质量份与体积份的对应关系，例如质量份以 g 为单位时，对应的体积份是 mL，质量份以 kg 为单位时，对应的体积份是 L，以此类推。

本书由李东光主编，参加编写的还有翟怀凤、李桂芝、吴宪民、吴慧芳、李嘉、蒋永波、邢胜利等同志，由于编者水平有限，书中难免有疏漏和不妥之处，请读者在使用时及时指正。

主编联系方式：ldguang@163.com。

主编
2019 年 8 月

目 录

一 工业除油清洗剂

配方1 不锈钢除油除蜡剂

原料配比

原料	配比（质量份）		
	1#	2#	3#
烷基酚聚氧乙烯醚	8	10	11
壬基酚聚氧乙烯醚	7	10	12
磷酸	15	17	18
甲醇	16	16	19
水	54	47	40

制备方法 按顺序添加烷基酚聚氧乙烯醚、壬基酚聚氧乙烯醚、磷酸、甲醇和水，混合搅拌均匀即可制得本产品。

产品应用 本品是一种用于不锈钢的除油除蜡剂。

产品特性 不锈钢产品从初步的压膜成型到抛光，还有零部件的制作，这一系列过程涉及运用本产品的大致可分为两个步骤：前工序的除油与后工序的抛光。运用本产品既可做到使表面及死角油污在短时间内溶解干净，又对不锈钢产品表面的蜡渍、发黄及死角的蜡污有很强的迅速溶解效果，而且对不锈钢产品本身还有钝化作用，使之不易生锈。本产品无毒，无害，无腐蚀性，渗透与溶解能力强，除蜡效果快。

配方2 不锈钢除油剂

原料配比

原料		配比（质量份）			
		1#	2#	3#	4#
有机溶剂	正溴丙烷	15	5	25	15
缓蚀剂	苯甲酸钠	—	5	—	—
	三乙醇胺	3	—	—	3
	苯并三氮唑	—	—	2	—
表面活性剂	壬基酚聚氧乙烯醚	8	17	—	8
	辛基酚聚氧乙烯醚	—	—	5	—

续表

原料		配比（质量份）			
		1#	2#	3#	4#
表面活性剂	脂肪醇聚氧乙烯（9）醚（AEO-9）	12	—	—	—
	脂肪醇聚氧乙烯（3）醚（AEO-3）	—	8	—	—
	脂肪醇聚氧乙烯（7）醚（AEO-7）	—	—	5	12
碱性盐	碳酸氢钠	8	—	—	—
	碳酸钠	—	10	—	—
	正硅酸钠	—	—	—	8
	六偏磷酸钠	—	—	5	—
消泡剂	有机硅	1	—	—	—
	油酸	—	2	—	—
	磷酸三丁酯	—	—	—	1
	油酸钠	—	—	3	—
水		53	53	55	53

制备方法　将各组分原料混合均匀即可。

原料介绍　有机溶剂为溴代烃，主要是正溴丙烷。溴代烃溶剂具有极性高、清洗能力强、与各种材料相容性好、表面张力低等特点。

缓蚀剂主要起到清洗时对不锈钢表面无腐蚀、无损伤，清洗后增强表面光洁度的作用。

表面活性剂的加入首先起到降低溶液的表面张力、增强渗透的作用；另外，具有很好的脱脂能力及乳化作用，同时可以起到清洗和去污作用。

无机盐本身也是一种清洗剂，广泛应用于光学玻璃清洗，并可以作为助剂，增强表面活性剂清洗能力，同时可以增强清洗液耐硬水性和镜片表面残留的油脂类油污的分散能力。

产品应用　本品主要是一种不锈钢除油剂。

产品特性

（1）本产品选用混合溶剂的配制方法，将有机溶剂、缓蚀剂、表面活性剂、无机盐、消泡剂和水混合得到不锈钢除油剂。由于互相影响的结果，液体的溶解能力得到很大提高，使溶剂的优点得到最大限度的发挥。

（2）本产品使用的有机溶剂主要是溴代烃，是目前最环保的替代ODS（消耗臭氧层物质）类物质的首选溶剂。

（3）本产品中选用缓蚀剂，不但增强了皂化反应的能力，还能够提高清洗剂均匀腐蚀的性质，并减少金属离子的引入。

（4）本产品中加入了特选的活性剂，能够降低液体的表面张力，增强液体的渗透性，具有很好的脱脂能力及乳化作用，同时可以起到清洗和去污作用。

（5）本产品中选用的表面活性剂具有水溶性好、渗透力强、无污染等优点。

（6）除油剂中选用的化学试剂，不污染环境，不易燃烧，对人体无害，属于非破坏臭氧层物质，满足环保要求，可以替代目前仍在使用的 ODS 清洗剂、卤代烃溶剂和强碱性清洗剂。

配方 3　不锈钢工件表面除油剂

原料配比

原料	配比（质量份）
平平加	0.6
聚乙二醇	0.5
油酸	0.5
三乙醇胺	1
水	加至 100

制备方法　将各组分混合搅拌均匀即可。

产品应用　本品是一种不锈钢工件的表面除油剂。将待处理的不锈钢工件在常温下放入除油剂中清洗 15～20min，之后用清水冲洗 3～6min，使清洗后的表面 pH 值为 6.5～7。

产品特性　本产品常温下使用，处理方法简单，去油彻底，有效确保焊接质量。

配方 4　不锈钢与铁件复合板除油剂

原料配比

原料	配比（质量份）			
	1#	2#	3#	4#
脂肪醇聚氧乙烯醚	11	12	13	11.5
烷基酚聚氧乙烯醚	5	6	5	5.5
柠檬酸	3	6	4.5	4
酒石酸	2	5	3	3
缓蚀剂	8	8.5	8	12
六亚甲基四胺	8	8.5	8	12
金属配位剂	3	8	5	8
盐酸	1.5	4.5	1.5	2
钼酸钠	0.5	1.5	1.5	
水	58	40	50.5	41

制备方法　将各组分原料混合均匀即可。

产品应用　本品是一种不锈钢与铁件复合板除油剂，用于去除不锈钢与铁件复合板的油脂。使用时，只需将待清洗板材浸入该除油剂中进行清洗，达到要求的程度后，取出进行冲洗、干燥即可。

产品特性　本产品具有良好的除油效果，并且能够反复添加、反复使用，排放量很少，对环境无污染，与皮肤接触无伤害，确保操作人员的职业健康。

配方5　常温钢铁除油剂

原料配比

原料	配比（质量份）					
	1#	2#	3#	4#	5#	6#
氢氧化钠	3	4	5	5	6	6
硫酸钠	3	3	4	4	5	6
海藻酸钠	0.5	0.6	0.7	0.7	0.8	1
六偏磷酸钠	0.2	0.5	0.6	0.8	1	1
月桂酸	2	3	4	4	5	6
三乙醇胺	1	2	3	3	4	4
十二烷基苯磺酸钠	0.5	0.5	0.6	0.6	0.7	1
二氧化硅（粒径为 200~400nm）	1	2	3	3	3	3
单双甘油酯	0.2	0.4	0.5	0.6	0.7	0.8
磷酸	5	7	8	8	9	10
三氧化二铝（粒径为 10~50μm）	1	2	4	3	4	4
水	70	75	76	78	79	80

制备方法

（1）按照质量份称取各组分。

（2）将月桂酸和磷酸加入容器中，升温至 65~70℃，加入三氧化二铝，搅拌反应 90~120min 后，加入二氧化硅和单双甘油酯，继续搅拌 30~40min，降温至 50~60℃，得到混合物；反应优选在密闭的容器中进行，搅拌反应时间优选为 105~110min。

（3）将水加入另一容器中，然后依次加入氢氧化钠、硫酸钠、海藻酸钠、六偏磷酸钠和十二烷基苯磺酸钠搅拌混合均匀，将温度升至 50~60℃，继续搅拌 5~10min，加入三乙醇胺并继续进行保温搅拌。

（4）将步骤（2）制备得到的混合物加入到步骤（3）中，继续搅拌至充分混合，降至室温即得到常温钢铁除油剂。

产品应用 本品是一种常温钢铁除油剂。

产品特性 本产品使用温度范围为 -5~50℃，在此范围内温度越高，除油效果越好、速度越快。对于一般金属表面油污，只需在常温钢铁除油剂中浸泡2~8min即可处理干净。本产品提供的常温钢铁除油剂制备简单，成本低廉，使用方便，可以广泛用于钢铁的除油作业。

配方6 常温高效除油除锈清洗剂

原料配比

原料	配比（质量份）	
	1#	2#
盐酸	50	80
磷酸	50	60
苯甲酸	30	40
聚乙二醇	2	5
异丙醇	3	6
乙酸乙酯	5	8
过硫酸铵	8	10
甲基丙烯酰胺	5	8
亚甲基双丙烯酰胺	3	5
有机硅油	6	8
丙酮	3	5
羧甲基纤维素钠	2	6
椰油酰胺丙基甜菜碱	3	5
月桂酰胺丙基甜菜碱	6	8
乙二胺四乙酸二钠	5	6
柠檬酸	3	5

制备方法 将各组分原料混合均匀即可。

产品应用 本品是一种常温高效除油除锈清洗剂。

产品特性 本产品能够除油除锈同时进行，在常温下处理，可减少加工难度和麻烦，大幅度提高工作效率，降低能耗，对处理时的金属具有一定的缓腐蚀性能，使用安全可靠，成本低，制作简单和使用方便，无毒。

配方7 常温环保型钢铁除油除锈液

原料配比

原料	配比（质量份）						
	1#	2#	3#	4#	5#	6#	7#
无机酸混合溶液	82	88	94	94	94	94	94
氢氟酸	8	6	4	4	4	4	4
草酸	0.3	1.5	3	3	3	3	3
复配表面活性剂	0.8	0.8	0.8	2	1	1	1
十二烷基硫酸钠	0.5	0.5	0.5	1	1	1	1
复配缓蚀剂	0.5	0.5	0.5	0.5	0.5	1	2

制备方法 以无机酸作为基本溶液，逐步加入计量的氢氟酸和草酸，混合均匀后，加入十二烷基硫酸钠、复配表面活性剂和复配缓蚀剂，搅拌均匀，即配制成常温环保型钢铁除油除锈液。

原料介绍 所述无机酸为盐酸和稀硫酸两者的混合溶液，主要作用是去除钢铁表面的氧化物，功效高，酸洗后表面状态好。

所述氢氟酸对难溶的氧化物具有较强的溶解能力，且氟离子是一种很好的配位剂，能与反应生成的金属离子形成配合离子，改善不锈钢表面质量，同时也能提高酸洗液的稳定性。

所述草酸起除锈作用。

所述复配表面活性剂为非离子表面活性剂 OP – 10 和阴离子表面活性剂脂肪醇聚氧乙烯醚硫酸钠，将两者复配形成更为高效的低泡表面活性剂，具有湿润、乳化、渗透、去污等作用，可降低不锈钢表面与溶液的界面张力、提高酸洗液的浸蚀能力，处理后表面洁净光亮、不泛黄。同时，在酸液表面形成致密分子层膜，具有抑制酸雾的作用。

所述十二烷基硫酸钠用于抑制酸雾，同时有助于清除油污。

所述复配缓蚀剂为六亚甲基四胺和聚氧乙烯脱水山梨醇油酸酯（吐温 – 80），将两者复配形成高效缓蚀剂，可以控制反应速率，防止过腐蚀，避免金属氢脆，同时减少不锈钢的腐蚀损失。

组分中盐酸的质量分数为 15%，稀硫酸质量分数为 20%。

产品应用 本品主要用于钢铁等金属材料涂装前处理过程中的除油、除锈。

产品特性

（1）本产品配制方法简单，原料价格低廉。

（2）本产品除锈速度快，在常温下，由一个工序即可完成除油除锈，表面处理时间为 5 ~ 15min，降低了劳动强度，提高了工作效率。

（3）本产品可连续使用，无须排放废水。酸洗一段时间以后，除油除锈液会有一定的消耗，此时，将酸洗池底的氧化皮清出，添加10%~30%的酸洗液，即可继续使用，且不影响除锈速度。

（4）本产品所加入的复配缓蚀剂和复配表面活性剂，在降低成本的同时，可以有效抑制酸雾，改善表面处理质量，清洗出的钢铁表面呈现光亮银白色金属光泽。

（5）本产品处理后的钢铁材料，可在室内保留三个月以上不生锈。

配方 8　常温低碱低泡除油剂

原料配比

原料		配比（质量份）		
		1#	2#	3#
碳酸钠		25	30	28
三聚磷酸钠		8	10	9
十二烷基苯磺酸钠		1	7	5
辛基硫酸钠		13	16	15
两性活性剂	辛基胺丙酸钠	50	—	56
	辛基甜菜碱	—	68	—
消泡剂	丙二醇	0.1	—	—
	乙醚	—	0.5	—
	聚二甲基硅氧烷	—	—	0.3
水		加至1000		

制备方法　在容器中依次加入碳酸钠、三聚磷酸钠、十二烷基苯磺酸钠、辛基硫酸钠、两性活性剂、消泡剂，最后加水至1000份搅拌混合均匀，即得到所述低碱低泡除油剂。

产品应用　本品是一种常温低碱低泡除油剂，适用于金属表面电镀前的预处理。

产品特性　本产品工艺简单，易操作，在室温下即可实施作业，无须加热，降低能耗；因有消泡剂，故在清洗时不会产生大量泡沫来污染环境。

配方 9　除蜡除油剂

原料配比

原料	配比（质量份）			
	1#	2#	3#	4#
偏硅酸钠	25	26	28	30
碳酸钠	20	24	22	25

续表

原料		配比（质量份）			
		1#	2#	3#	4#
脂肪酸酰胺	椰油脂肪酸单乙醇酰胺	10	—	—	—
	椰油脂肪酸二乙醇酰胺	—	13	—	—
	乙氧基化脂肪酸单乙醇酰胺	—	—	11	—
	棕榈油脂肪酸二乙醇酰胺	—	—	—	15
AEO-9		10	12	14	15
渗透剂 JFC		3	4	5	6
水		20	25	28	30

制备方法

（1）将偏硅酸钠和碳酸钠搅拌均匀得 A 液，搅拌 10~20min；

（2）将 A 液加入水中，搅拌均匀得 B 液，搅拌 15~25min；

（3）将脂肪酸酰胺加入 B 液中，搅拌均匀得 C 液，搅拌 20~40min；

（4）将 AEO-9 加入 C 液中，搅拌均匀得 D 液，搅拌 20~40min；

（5）将渗透剂 JFC 加入 D 液中，搅拌均匀得除蜡除油剂，搅拌 20~40min。

产品应用　本品主要是一种除蜡除油剂。

产品特性　本产品采用了不同的原料、配比及制作工艺，与普通的同类除蜡除油剂相比效果增强了 1~2 倍，使用周期增加了 1~2 倍，并解决了清洗剂对基材腐蚀这一技术难题，并且通过一道工序达到了除蜡和除油两个目的，替代原有的除蜡、除油两道工序，显著节约了生产成本，有效提高了工作效率。

配方 10　除油、除锈、防锈、上光清洗剂

原料配比

原料	配比（质量份）	
	1#	2#
改性丙烯酸树脂	15.2	22
有机硅烷偶联剂	6	8
乳化剂失水山梨醇脂肪酸酯	5.2	3
防锈剂硼酸单乙醇胺	3.6	6.8
乙醇	10	16
水	加至100	

制备方法　将各组分原料混合均匀即可。

原料介绍　所述改性丙烯酸树脂由 20%~60% 含有双键的氨基单体、5%~

50%不饱和有机酸或其盐、10%～30%不饱和酯类合成，其合成工艺为：先在反应釜底加入50%的乙二醇丁醚，升温至110℃，再将30%的改性丙烯酸树脂单体、1%引发剂对氧化苯甲酰和19%乙二醇丁醚混合均匀后滴加到反应釜中，控制滴加时间为3h，保温2h即可。

所述含有双键的氨基单体，为甲基丙烯酰胺、羟甲基丙烯酰胺、N, N－二甲氨基甲基丙烯酸乙酯中的任意一种或一种以上的混合物。

所述不饱和有机酸或其盐，为甲基丙烯酸，2－丙烯酰胺－2－甲基丙磺酸，苯乙烯磺酸，乙烯基磺酸及其钾盐、钠盐、铵盐、锌盐等中的任意一种或一种以上的混合物。

所述不饱和酯类为甲基丙烯酸甲酯、甲基丙烯酸丁酯、甲基丙烯酸羟丁酯中的任意一种或一种以上的混合物。

所述有机硅烷偶联剂为具有氨基或环氧基团的硅烷偶联剂。

所述乳化剂为脂肪酸环氧乙烷加成物、脂肪胺聚氧乙烯醚、失水山梨醇脂肪酸酯、烷烯基磺酸钠中的任意一种或一种以上的混合物。

所述防锈剂为硼酸单乙醇胺、硼酸二乙醇胺、硼酸三乙醇胺、钼酸单乙醇胺、钼酸二乙醇胺、钼酸三乙醇胺、苯甲酸胺、邻硝基酚钠中的任意一种或一种以上的混合物。

所述醇醚溶剂为甲醇、乙醇、异丙醇、正丁醇、乙二醇、乙二醇甲醚、乙二醇丁醚中的任意一种或一种以上的混合物。

产品应用 本品是一种除油、除锈、防锈、上光清洗剂。

产品特性 本产品不但原料易得、成本低廉、工艺简单、性能优良、使用范围广，而且在对金属物品表面进行清洗的同时还可在金属物品表面形成一层保护膜，从而有利于其防潮防锈，并使金属物品表面光亮美观。

配方 11　除油、防锈、磷化和钝化合一的处理剂

原料配比

原料	配比（质量份）			
	1#	2#	3#	4#
85%磷酸	25	27	30	27
钼酸钠	0.2	0.3	0.4	0.3
氧化锌	1.0	1.2	1.4	1.2
磷酸二氢锌	5.0	5.5	6.0	5.5
氯酸钾	0.4	0.6	0.8	0.6
OP－10	0.6	0.8	1.0	0.8
三乙醇胺	1.0	1.2	1.4	1.2

续表

原料	配比（质量份）			
	1#	2#	3#	4#
丙二酸	0.5	1.0	1.5	1.0
硫脲	0.05	0.1	0.15	0.1
水	加至 100			

制备方法 将水加入容器中，在搅拌下依次加入称量完的钼酸钠、氧化锌、磷酸二氢锌、氯酸钾、OP-10、三乙醇胺、丙二酸、硫脲，加毕后在常温下搅拌 10min，再在搅拌下加入 85% 磷酸，加毕后继续搅拌 30min，即可得到外观呈无色透明的均匀无沉淀液体。

产品应用 本品主要用于钢铁表面防锈，是一种除油、防锈、磷化和钝化合一的处理剂。处理温度 15~40℃，处理时间 10~20min。

产品特性 本品具有节能、减污、安全、高效、成本低、操作方便及质优价廉等特点，是电镀、涂漆、喷塑等行业中的理想清洗产品。

配方 12　　除油、防锈二合一处理剂

原料配比

原料	配比（质量份）		
	1#	2#	3#
85% 磷酸	25	27	30
钼酸钠	0.2	0.3	0.4
磷酸二氢锌	5.0	5.5	6.0
氯酸钾	0.4	0.6	0.8
OP-10	0.6	0.8	1.0
三乙醇胺	1.0	1.2	1.4
丙二酸	0.5	1.0	1.5
水	加至 100		

制备方法 将水加入容器中，在搅拌下依次加入称量完的钼酸钠、磷酸二氢锌、氯酸钾、OP-10、三乙醇胺、丙二酸，加毕后在常温下搅拌 10min，再在搅拌下加入 85% 磷酸，加毕后继续搅拌 30min，即得到外观呈无色透明的均匀无沉淀液体。

产品应用 本品是用于电镀、涂漆、喷塑等行业的清洗产品。处理温度 15~40℃，处理时间 10~20min。

产品特性　本品具有节能、减污、安全、高效、成本低、操作方便及质优价廉等特点。

配方 13　除油除锈剂

原料配比

原料	配比（质量份）			
	1#	2#	3#	4#
28% 盐酸	20	35	25	30
OP－10	5	10	8	5
渗透剂 JFC	1	5	3	5
六亚甲基四胺	2	7	5	4
硫脲	1	5	3	2
十二烷基硫酸钠	2	5	3.5	3
氯化钠	2	5	3	4
磷酸三丁酯	0.01	0.03	0.02	0.03
香味剂	0.01	0.3	0.02	0.03
水	66.98	27.94	49.46	46.94

制备方法　将氯化钠、香味剂和消泡剂用部分水完全溶解成溶液后备用，水的温度为 30 ~ 50℃，然后在其余的水里加入盐酸、乳化剂和渗透剂后搅拌均匀，再加入六亚甲基四胺、硫脲、十二烷基硫酸钠和溶解好的溶液，搅拌均匀即可。

原料介绍　所述乳化剂为平平加、平平加 OS－15、平平加 O－20、OP－10、EL 或 OP（TX）中的任一种。

所述渗透剂为 JFC（脂肪醇聚氧乙烯醚）或十二烷基苯磺酸钠。

所述消泡剂为二甲苯硅油、聚酯改性硅油、磷酸三丁酯或高碳醇中的任一种。

产品应用　本品主要用于喷漆、喷塑、电镀、氧化锌等工件的去油去锈。

本产品外观为浅黄色、棕色或无色液体，使用时不必用水稀释，在室温下就可以使用，将工件浸泡在本产品中 1 ~ 15min 就可以将工件表面的油污、锈迹清洗干净。

产品特性　本产品能快速脱除金属表面的油污、锈迹氧化物等物质，对金属基体不产生过腐蚀和氢脆现象，无刺激性气味，对人无害，对皮肤、衣物无腐蚀，使用完后无须排放，再使用时可根据清洗产品的面积、质量添加，浑浊了可以沉淀倒池，清理后可继续使用。

配方 14 除油粉

原料配比

原料		配比（质量份）		
		1#	2#	3#
配位剂	次氮基三乙酸三钠	10	12	15
	葡萄糖酸钠	3	4	5
	硫酸钠	7	8	10
	月桂酸	10	18	25
润湿剂	大豆卵磷脂	2	—	5
	磺化油	—	3	—
非离子表面活性剂	聚乙二醇辛基苯基醚	8	—	—
	十二烷基聚氧乙烯醚	—	9	—
	椰油酸二乙醇酰胺	—	—	11

制备方法 将各组分原料混合均匀即可。

原料介绍 硫酸钠能提供阴离子，增加离子强度，吸附污垢中的阴离子，起到降低表面张力和提高表面活性的作用，还能改善清洗分散能力，起到降低成本的作用。

润湿剂指能使固体物料更易被液体浸湿的物质。

葡萄糖酸钠是一种高效螯合剂，是钢铁表面清洗剂。

非离子表面活性剂只在脱脂除油过程中产生少量的泡沫，其水洗性能优越，能够软化水。

产品应用 本品是一种除油粉。

产品特性 本产品不含磷，不会导致对水体的污染，配位剂能与多价金属离子发生螯合作用，形成较稳定的水溶性配合物，起着螯合钙、镁等金属离子软化硬水的作用，有利于油污的清除。

配方 15 除油剂

原料配比

原料	配比（质量份）									
	1#	2#	3#	4#	5#	6#	7#	8#	9#	10#
小分子水	400	350	360	380	400	370	350	360	400	370
二（亚磷酸二月桂酯）络四辛氧基钛	100	90	85	110	100	105	90	85	100	105

续表

原料	配比（质量份）									
	1#	2#	3#	4#	5#	6#	7#	8#	9#	10#
脂肪酸环氧乙烷加成物	100	106	100	80	90	105	106	100	90	105
200#溶剂油	200	180	200	210	180	190	180	200	180	190
复合表面活性剂	200	190	190	170	180	200	190	190	180	200
复合表面活性剂　壬基酚聚氧乙烯醚 HA-100	57.3	56	58	59	57	58.5	56	58	57	58.5
复合表面活性剂　壬基酚聚氧乙烯醚磺酸 ES-20	42.7	45	42	41	43	41.5	45	42	43	41.5

制备方法　将各种原料称量好，加入反应釜中，混合后升温至 70～80℃，再输送至乳化机中进行乳化处理后，得本产品除油剂，为乳白色液体，呈中性，pH 值为 7。

产品应用　本品主要应用于航空、列车、船舶、军工装备、石油开采加工、储油罐、输油管道、印刷机械、电力设备、机械设备加工制造、维修保养及车库、机房地面等领域的油污、油渍清除。油污、油渍包括润滑油、植物油、动物油、石油、煤焦油、印刷油墨等。

使用方法：根据需要清理物体的大小、形状，可以采用浸泡、涂抹、喷洒、刷洗、擦洗等方法，使除油剂在油污表面停留数分钟后，即可用水清洗干净。

产品特性　本产品为小分子结构除油剂，能快速穿透物体表面的油污层直达物体表面，将油污分解，使油污与物体表面分离悬浮，直接用水清洗即可。本产品组成科学合理，产品无毒、无刺激性气味，为水溶性，对皮肤无刺激性，对人体健康无影响，对清洗物体和油漆保护膜无腐蚀破坏作用，安全可靠，使用方便，快速省时，清理效果好。

配方 16　碱性除油剂

原料配比

原料		配比（质量份）				
		1#	2#	3#	4#	5#
碱	氢氧化钠	25	15	—	—	—
	碳酸钠	—	—	10	—	—
	氢氧化钙	—	—	—	40	—
	碳酸氢钠	—	—	—	—	35

续表

原料		配比（质量份）				
		1#	2#	3#	4#	5#
乳化剂	磷酸钠	22	15	—	—	—
	三聚磷酸钠	—	—	10	—	—
	硅酸钠	—	—	—	30	—
	偏硅酸钠	—	—	—	—	25
配位剂	EDTA 二钠	20	10	—	—	—
	酒石酸钠	—	—	—	30	—
	乳酸钠	—	—	—	—	25
	羟基亚乙基二膦酸（HEDP）	—	—	5	—	—
表面活性剂	十二烷基硫酸钠	2.5	0.6	—	—	—
	十二烷基苯磺酸钠	—	—	0.5	—	—
	OP-10	—	—	—	3	—
	聚乙二醇 6000	—	—	—	—	1.5
三羟基聚氧化丙烯醚		15	5	1	20	10
水		加至 1000				

制备方法 将碱、乳化剂和配位剂混合溶解，之后加入表面活性剂搅拌溶解，最后加入添加剂，加水至 1000 份搅拌溶解即可。

原料介绍 所述添加剂为三羟基聚氧化丙烯醚。

所述碱为氢氧化钠、氢氧化钾、氢氧化钙、碳酸钠和碳酸氢钠中的至少一种。所述碱与油脂反应生成可溶性的脂肪酸盐，使油脂可以水洗除去。

所述乳化剂为磷酸钠、三聚磷酸钠、硅酸钠和偏硅酸钠中的至少一种，具有分散、乳化污物的作用，具有优良的水洗性。

所述配位剂为 EDTA 二钠、HEDP、酒石酸钠和乳酸钠中的至少一种，具有软化水质、增加粉尘的溶解度、提高除油液的寿命和除粉尘效果。

所述表面活性剂为十二烷基硫酸钠、十二烷基苯磺酸钠、OP-10 和聚乙二醇 6000 中的至少一种。具有优良的乳化、分散、润湿、增溶、防腐蚀的效果，与碱液合用可以获得很好的除油效果。

产品应用 本品是一种除油剂。除油方法为将激光活化产品放置在除油剂中进行除油。

产品特性 本产品中加入的三羟基聚氧化丙烯醚，可以快速吸附在高能量束诱导沉积（SBID）激光活化后的工件上，包裹住激光活化后残留在工件上的粉尘，可以有效地把 SBID 激光活化件上残留的激光粉尘快速除去。除油剂不仅除油效果优良，而且去激光粉尘效果极佳。

配方 17　弱碱性除油剂

原料配比

原料		配比（质量份）						
		1#	2#	3#	4#	5#	6#	7#
乳化剂	乙醇	15	12	—	—	15	15	15
	乙二醇	—	—	10	—	—	—	—
	丙醇	—	—	—	20	—	—	—
配位剂	柠檬酸钠	20	25	—	—	—	20	20
	柠檬酸钾	—	—	10	—	—	—	—
	酒石酸钾钠	—	—	—	—	20	—	—
	柠檬酸	—	—	—	30	—	—	—
吸附剂	氢氧化铝	7	6	5	10	7	7	7
表面活性剂	十二烷基硫酸钠	1.5	2	0.5	3	—	—	—
	十二烷基苯磺酸钠	—	—	—	—	1.5	—	—
	OP-10	—	—	—	—	—	1.5	—
	平平加	—	—	—	—	—	—	1.5
乙二胺四亚甲基膦酸		6	8	1	10	—	6	—
咪唑		3	4	1	5	—	—	3
水		加至1000						

制备方法

（1）将配位剂溶于水后加入表面活性剂，溶解后再加入乳化剂和吸附剂。

（2）在加入吸附剂的同时加入乙二胺四亚甲基膦酸和咪唑，混合均匀即可。

原料介绍　所述乳化剂为乙醇、乙二醇和丙醇中的至少一种；乳化剂可以很好地乳化、分散油脂。

所述配位剂为柠檬酸钠、柠檬酸钾、柠檬酸和酒石酸钾钠中的至少一种；所述配位剂不仅可以络合各种重金属，并可以软化水质，且不含磷，无毒。

所述表面活性剂为十二烷基硫酸钠、十二烷基苯磺酸钠、OP-10和平平加中的至少一种。表面活性剂具有优良的乳化、分散、润湿、增溶、防腐蚀的效果，与碱液合用可以获得很好的除油效果。

所述吸附剂为氢氧化铝。

所述除油剂还包括乙二胺四亚甲基膦酸。乙二胺四亚甲基膦酸能够进一步乳化、分散油脂，同时乙二胺四亚甲基膦酸可以与氢氧化铝协同作用，进一步提高氢氧化铝的吸附除油效果。

　　所述除油剂还包括咪唑。咪唑可以与乙二胺四亚甲基膦酸配合，可以吸附在油脂表面，与油脂形成一种不定型的复合物，包裹油脂，使粉尘等更容易从非金属材料上除去。同时咪唑与乙二胺四亚甲基膦酸一样，可以与氢氧化铝协同作用，进一步提高氢氧化铝的吸附除油效果。

　　产品应用　本品是一种除油剂。

　　产品特性

　　（1）本产品是一种弱碱性的除油剂，对任何不耐酸碱的金属和非金属都能尽量减轻腐蚀，对金属和非金属材料的腐蚀性小。本品中含有氢氧化铝，氢氧化铝能够快速地吸附非金属材料表面的油脂，使油脂可以快速地离开非金属材料的表面，达到除油的目的，同时氢氧化铝还能够与油脂形成沉淀物通过过滤除去，提高了除油剂的使用寿命。

　　（2）本产品环保，易溶于水，同时具有很强的除油效果，可以满足对金属腐蚀性要求较高的除油液需求。本产品不仅除油效果优良，而且对金属在除油液中的保护极佳。

配方 18　去污除油剂

　　原料配比

原料		配比（质量份）		
		1#	2#	3#
去污剂		10	13	16
脂肪醇聚氧乙烯醚		15	20	25
三乙醇胺		7	12	15
泡花碱（Na_2SiO_3）		7	10	12
磷酸三钠		9	11	13
去污剂	乙酸丁酯	16	19	22
	二甲基硅油	22	25	30
	丙酮	28	35	45

　　制备方法　将脂肪醇聚氧乙烯醚、三乙醇胺和磷酸三钠按上述配比混合，搅拌 15~30min，再将混合料加入夹套中，通过夹套油浴加热，升温至 80~100℃，然后再次搅拌，边搅拌边加入泡花碱，当温度下降至 40~50℃ 时，加入配制好的去污剂，加热熔化至 105~120℃，再在 60~70℃ 进行保温处理，搅拌10~20min 后冷却，即得除油剂。

　　产品应用　本品是一种去污除油剂。

　　产品特性　本产品在普通的除油成分中加入了去污剂，能除去油污以外的其他污渍，去污能力强，工艺简单，经过多次升温、降温、熔化处理，使得油污渍不沉淀。除油剂的制备方法中，采用油浴加热、多次搅拌处理，然后进行高温熔化处理，使得除油剂的成分能有效融合，不分层。

配方 19 广谱除油剂

原料配比

原料	配比（质量份）
油酸	25
三乙醇胺	25
泡花碱	25
十二烷基苯磺酸钠	5
尼纳尔	5
OP－10	20
OS－15	25
磷酸三钠	180
元明粉	60
磷酸五钠	50
纯碱	210
过硼酸钠	35
香精	0.60
增白剂	0.50

制备方法

（1）按次序加料，每加入一种原材料必须搅拌5min，如油酸加热和三乙醇胺加热搅拌至飞出气泡，十二烷基苯磺酸钠加300份热水调匀和泡花碱搅拌，分别生成两种新材料。

（2）先将上一步骤生成的两种原料，过筛后加入搅拌机搅拌，依次加入尼纳尔搅拌2～3min，加入OP－10搅拌2～3min，加入OS－15（加热后熔化）搅拌5min，加入磷酸三钠搅拌2min，加入元明粉搅拌2min，加入磷酸五钠搅拌2min，加入纯碱搅拌3～5min，加入过硼酸钠搅拌2min，加入香精和增白剂搅拌1min。

产品应用 本品主要应用于油田、机械、冶金、军械、电子、仪表、交通运输、纺织、铁路、地铁、矿山、修理、喷漆和电镀前的清洁等工业领域。对陶瓷、塑料制品、橡胶、木器等都有同等的清洗效力，也适用于卫生间、浴池、厨房、灶具、抽油烟机等的油污清洗，以及建筑物的内外墙清洗。

产品特性

（1）产品不仅可以高效去污除油，而且还可以在已去污的金属表面添加一层保护膜，防止金属表面再生锈，还不影响金属使用。

（2）本产品在常温下使用，去油污能力强，具有防腐防锈的功能且能节约大量柴油、汽油、煤油，降低成本。

配方20　除油清洗剂

原料配比

原料	配比（质量份）
十二烷基苯磺酸钠	30
椰油脂肪酸二乙醇酰胺	30
焦磷酸四钾	20
高氯酸钠	12
柠檬酸	12
十四烷基二甲基氧化胺	4
枯烯磺酸钠	18
氯化镁	20
葡糖单癸酸酯	15
月桂酸二乙醇酰胺	38
磺化丁二酸钾	22
醚硫酸钠	14
单乙醇胺	16
膨润土	8
亚硫酸钠	10
次氮基三乙酸钠	8
三聚磷酸钠	8
焦硅酸钠	9
烷基聚氧乙烯醚	8
过硼酸钠	7
月桂基二甲基氧化胺	6
氯化钠	4
山梨酸钾	3
大豆卵磷脂	9
六聚甘油单月桂酸酯	4
EDTA 四钠	3
聚丙烯酸钠	2

制备方法　将各组分原料混合均匀即可。
产品应用　本品是一种除油清洗剂。

产品特性　本产品对多种污渍均有较强去除效果，分解污渍能力强，且生产和使用过程无毒无害，长期使用无化学残留。

配方 21　除油脱脂剂

原料配比

原料	配比（质量份）		
	1#	2#	3#
氢氧化钠	2.1	2.5	3.1
碳酸钠	0.6	0.8	1.2
元明粉	0.15	0.3	0.3
表面活性剂	0.01	0.015	0.02
磷酸	0.15	0.1	0.2
磷酸三钠	0.6	0.9	0.7
烷基酚聚氧丙烯醚磷酸酯	0.6	0.65	0.7
水	加至100		

制备方法　将各组分加入水中，搅拌均匀即可得到本除油脱脂剂。
产品应用　本品是一种除油脱脂剂。
产品特性　本产品具有优良的渗透性、乳化性和清除油垢、积炭的能力，是一种绿色环保、无腐蚀、快速安全的除油清洗剂，使用范围和条件没有任何限制，而且在水中有极好的溶解性，使用简单方便。

配方 22　电镀基材除油剂

原料配比

原料	配比（质量份）			
	1#	2#	3#	4#
磷酸	100	300	200	150
葡萄糖酸钠	5	2	3	4
三聚磷酸钠	4	2	5	3
软水剂磷酸三钠	2	—	—	3
软水剂磷酸五钠	—	4	1	—
乳化剂 NP-10	0.2（体积份）	—	0.4（体积份）	—
乳化剂 OP-10	—	0.3（体积份）	—	0.5（体积份）
十二烷基苯磺酸钠	—	—	2	1
水	加至1000			

制备方法 将各组分溶于水中充分搅拌溶解即可。

原料介绍 葡萄糖酸钠为表面清洗剂，有良好的防结垢能力和脱锈能力，可防止溶液中产生铁、铝等的氢氧化物沉淀。

三聚磷酸钠水溶液在磷酸水溶液中起形成悬浊液（类似乳化液）的作用，即分散作用。同时也能使液态、固态微粒更好地溶于液体介质中，使溶液有增溶作用。

磷酸三钠和磷酸五钠具有和水中的镁、钙形成沉淀，软化水质的作用。

乳化剂 NP-10（壬基酚聚氧乙烯醚）和 OP-10（辛基酚聚氧乙烯醚）具有优良的除油性能，且除油速度快。

十二烷基苯磺酸钠具有去污、湿润、乳化、分散等性能，可增强除油效果。

产品应用 本品主要用于钕铁硼永磁材料除油。

使用方法：将配制好的除油剂按照体积比 1∶（4~10）的比例用水稀释，保持除油剂在 30~50℃，将要除油的基体浸泡在该除油剂中，当基体小且数量较多时，需对基体进行摇摆，使其全部表面充分浸泡，浸泡 3~15min 后取出基体用清水清洗干净，经三道水清洗，确保表面清洁、无除油剂滞留后，可进行下一步处理。

产品特性

（1）本产品中使用磷酸配制酸性除油剂，使油脂在酸性条件下进行分解。磷酸腐蚀性小，不易挥发，相对安全。用本品处理基体表面，在基体表面生成难溶的磷酸盐薄膜，以保护基体免受腐蚀。

（2）本产品除油脂干净、高效。

（3）本产品中各成分物质浓度较低，且使用时用水进行稀释，物质浓度变得更低，减少了污水处理压力，降低了环境污染。

（4）本产品为酸性除油剂，同一般碱式除油剂相比，使用温度由 90℃ 降为 30~50℃，温度要求较低，不烧手，能节约大量的能源。

（5）本产品不产生刺激性的气味，腐蚀性比一般碱式除油剂低。

（6）本产品的除油剂制备方法简单，成本低。

配方 23　电镀用清洗除油剂

原料配比

原料		配比（质量份）		
		1#	2#	3#
阴离子活性剂	十二烷基磺酸钠和十二烷基硫酸钠按 1.3∶1.5 比例混合物	5	—	—
	十二烷基磺酸钠和十二烷基硫酸钠按 1.2∶1.5 比例混合物	—	6	—
	十二烷基磺酸钠和十二烷基硫酸钠按 1.3∶1.7 比例混合物	—	—	7

续表

原料		配比（质量份）		
		1#	2#	3#
非离子活性剂	烷基酚聚氧乙烯醚和脂肪醇聚氧乙烯醚按1∶1.6比例混合物	5	—	—
	烷基酚聚氧乙烯醚和脂肪醇聚氧乙烯醚按1.1∶1.6比例混合物	—	4	—
	烷基酚聚氧乙烯醚和脂肪醇聚氧乙烯醚按1.1∶1.7比例混合物	—	—	4
烷基酚聚氧乙烯醚		8	9	10
98%的碳酸钠		20	19	18
偏硅酸钠		17	18	19
金属防锈剂	98%的磷酸三钠	18	17	16
清洗缓蚀剂	硫脲	2	3	4

制备方法

（1）按质量份称取原材料：阴离子活性剂、非离子活性剂、烷基酚聚氧乙烯醚、碳酸钠、偏硅酸钠、金属防锈剂和清洗缓蚀剂。

（2）筛选：分别将各固体原料通过振动筛进行筛选。

（3）混合：按质量份取出烷基酚聚氧乙烯醚、碳酸钠、偏硅酸钠和磷酸三钠，并全部倒入混合机中混合，混合时间为5～10min，得混合料A。

（4）搅拌：将混合料A与阴离子活性剂、非离子活性剂、金属防锈剂和清洗缓蚀剂通过搅拌机搅拌，搅拌时间为25～30min，得清洗除油剂。

产品应用　本品是一种电镀用清洗除油剂。

产品特性　本产品不仅使用方便，而且可以快速去除工件表面的油脂、抛光膏、手印等污物，同时可去除铜层表面的氧化层，清洗效果极佳，不仅节省人工，减少返工概率，且提高产品的质量和使用寿命。

配方24　多功能除油去锈清洗剂

原料配比

原料	配比（质量份）	
	1#	2#
氯化镁	5	10
氢氧化铁	5	8
氢氧化钙	3	5
氯化钙	2	5

原料	配比（质量份）	
	1#	2#
磷酸	3	5
乙酸	5	10
碳酸	5	8
三乙醇胺	5	10
十六烷基三甲基溴化铵	3	8
四丁基溴化铵	2	8
硫代硫酸钠	3	10
六亚甲基四胺	5	10
1,2-丙二醇	6	8
丙三醇	6	10
纯碱	8	10
硅油	10	12
水	150	200

制备方法 将各组分原料混合均匀即可。

产品应用 本品是一种多功能除油去锈清洗剂。

产品特性 本品在金属表面通过渗透层与形成锈渍的媒介物质发生化学反应，去除锈渍，通过特殊表面活性剂进行乳化、分解油污，破解油污的附着力，从而达到在常温下一次性快速除油去锈，并达到安全、无毒、无污染的效果。

配方 25 多功能除油除锈清洗剂

原料配比

原料	配比（质量份）
十二烷基磺酸钠	10
六亚甲基四胺	3
三乙醇胺	2
食盐	250
明胶	0.3
OP-10	15（体积份）
H_2SO_4	100（体积份）
HCl	200（体积份）
水	加至1000

制备方法

（1）用 1/3 的室温水，依次加入定量的十二烷基磺酸钠、六亚甲基四胺、三乙醇胺、食盐、明胶、OP-10，搅拌溶解均匀备用。

（2）用 1/3 的室温水将定量的 H_2SO_4 缓缓溶解，一边注入一边搅拌散热，然后加入定量的 HCl，在加入中应注意注入速度和安全。

（3）将溶液（1）加入溶液（2）中，边加入边搅拌均匀，然后将余下 1/3 水加入清洗剂中稀释。

原料介绍　十二烷基磺酸钠作为抑雾剂使用，产生泡沫。酸和钢铁基体发生反应，生成氢气，产生氢脆，放出大量酸雾。为了防止酸雾的产生，在酸洗时加入十二烷基磺酸钠，它既能防止酸雾产生，同时达到酸洗持久的作用。

六亚甲基四胺在酸洗时对金属件起缓蚀作用，缓蚀率大于 95%，能有效抑制金属件在酸洗中对氢的吸收和 Fe^{3+} 对金属的腐蚀，使金属酸洗时不产生孔蚀。

三乙醇胺化学钝，作稳定剂使用，在本剂中既可控制清洗剂的分解又起到渗透作用。

食盐能控制硫酸对碳钢、铬钢、铬镍钢的腐蚀作用，兼作防灰剂。

明胶在酸洗中对金属具有良好的缓蚀作用，这种由分子量较小的多种 α-氨基酸构成的明胶，是一种既含氨基又含羟基的缓蚀剂。当浓度达到 0.3% 时缓蚀率为 95%，介质温度升高，浓度增大，其缓蚀率有不同程度增加。

OP-10 乳化剂是一种良好的乳化剂，除油效果良好，但不易从零件上洗掉，为保证镀层与金属零件的结合力，必须加强清洗。在本产品中作为除油成分。

产品应用　本品是一种多功能除油除锈清洗剂。

多功能清洗剂清洗的工艺方法如下。

（1）浸泡法：将要处理的金属工件，浸入除油除锈液中 3~15min，视其工作情况而定。此法比较经济，若温度在 30℃ 或搅拌振动时效果更佳。处理完毕用清水冲洗。

（2）喷雾法：用除油除锈液自上而下低压喷覆，用水清洗分解掉氧化物，工件干燥后可待用。

（3）刷制法：用除油除锈液，直接刷在工件上，用清水冲刷干净，干燥后待用，若在 30℃ 温度下或搅拌振动后效果更快更好。

产品特性

（1）效果好：该产品可有效清除金属表面上的油、锈和非金属表面上的油污，为后续工序提供洁净的表面，无氢脆和过腐蚀现象。

（2）成本低，用量少：Fe 含量在 150g/L 以下，均可有效使用。

（3）工艺简单：将去油除锈同步进行。原有的去油除锈工艺需经过去油—水洗—除锈—水洗等四道工序，才能获得洁净的表面，采用该技术只需综合处理—水洗两道工序。可简化操作步骤，提高工效，节省生产场地和生产设备。

（4）改善了生产条件：该产品无酸雾产生，有利于环境保护、劳动保护和生产设备维护，并可减少原料消耗。

（5）使用方便：该产品常温下配制、使用，有利于节约能源、降低处理成本，还可循环使用。

（6）使用安全：产品不燃、不爆、无毒、无味，对人体无害。

（7）用途广泛：可广泛运用于金属及部分非金属材料在涂装、电镀、化学镀、防锈封存、表面改性、表面膜转化等工艺的预处理。

（8）金属表面通过渗透层与形成锈渍的媒介物质发生化学反应，经过破坏分解剥落锈渍，通过特殊表面活性剂乳化、分解油污，破解油污的附着力，从而达到在常温下一次性快速除油除锈，并且达到安全、无毒、无污染的效果。

配方26　多功能环保金属除油除锈防锈液

原料配比

原料	配比（质量份）		
	1#	2#	3#
聚氧乙烯烷基醚	1	4	16
十二烷基磺酸钠	1	5	8
1,3-二丁基硫脲	0.5	6	10
六亚甲基四胺	0.5	3	5
磷酸二氢锌	1	6	10
磷酸	10	25	40
丁基萘磺酸钠	—	3	5
丁二酸酯磺酸钠	—	3	5
三乙醇胺	—	5	8
碳酸氢钠	—	3	5
酒石酸	—	7	10
1,3-二乙基硫脲	—	5	10
水	20	50	75

制备方法　按比例称取上述原料，固体原料用水溶解成溶液，液体原料用水稀释，然后将原料分别投入反应釜中，搅拌15～30min，经120目纱网过滤，即制成成品。水温25～75℃。

产品应用　本品是一种对金属材料及其制品的表面进行表面预处理的除油除锈液。

产品特性

（1）本产品不仅适用于流水线作业，对金属表面进行一次性除油、除锈、磷化、钝化和防锈，而且对人体无害，对环境无污染。

（2）本产品由于各成分的协同作用，不含强酸、强碱，不会对金属材料造成过度腐蚀及氢脆，原料无毒无害，无易燃、易爆的危险；可循环使用，不污染环境和水源；在常温下，金属表面处理 5～25min 即可，如果升温到 45～60℃，处理效果更好；在加工过程中可替代车间底漆，经过处理的金属材料在室内保留三个月以上不生锈；使通常需要多个工序的工作由一个工序即可完成，降低了劳动强度，提高了工作效率。

配方 27　改进的除锈除油清洗液

原料配比

原料	配比（质量份）		
	1#	2#	3#
油酸三乙醇胺盐	3.3	2.5	4.3
增稠剂聚乙烯醇	2.5	2.3	3.5
烷基苄氯化铵	5.6	4.5	6.6
渗透剂顺戊烯二酸二仲辛酯磺酸钾	7.8	7.1	8.3
二乙二醇单乙醚	3.5	2.3	4.5
羟基乙酸钠	6.4	5.6	7.4
丙烯酸乙酯	6.2	5.3	7.2
乙酸丁酯	1.3	0.9	1.5

制备方法　将各组分原料混合均匀即可。

产品应用　本品是一种改进的除锈除油清洗液。

产品特性　本产品原料易得、工艺简单、性能优良、使用范围广，在对金属物品表面进行清洗的同时还可在金属物品表面形成一层保护膜，从而有利于其防潮防锈。

配方 28　改进的除油防锈剂

原料配比

原料	配比（质量份）		
	1#	2#	3#
间苯二酚	3.8	3.2	4.2
三乙二醇单乙醚	5.1	4.3	7.1

续表

原料	配比（质量份）		
	1#	2#	3#
多元醇磷酸酯	7.5	6.4	9.5
缓蚀剂	2.4	1.5	3.4
5－氯－2－甲基－4－异噻唑啉－3－酮	8.9	8.5	9.8
乙基磷酸甲酯	1.9	1.5	2.9
疏水改性碱溶胀型增稠剂	4.8	2.5	6.8

制备方法　将各组分原料混合均匀即可。

产品应用　本品是一种改进的除油防锈剂。

产品特性　本产品具有极强的渗透性和优良的除油性，使用添加剂量少，清洗成本低，清洗能力强，速度快，易漂洗，可重复使用，无污染，具有防锈能力，工件表面质量好，处理成本较低；配制工艺简单，使用简便，具有低泡、高效、对金属表面无腐蚀、稳定性好、清洁度高的特点。

配方29　改进的除油剂

原料配比

原料	配比（质量份）		
	1#	2#	3#
水（一）	12	12	12
粒状氢氧化钠	12	5	8
乙二醇（一）	21	10	15
丙酮	7	2	4.5
磷酸钠（一）	30	15	21
乙二醇（二）	21	10	15
磷酸钠（二）	14	7	11
水（二）	18	74	61
松油	1	0.45	0.7

制备方法

（1）将氢氧化钠加入适量的水中并搅拌均匀；

（2）在步骤（1）中所得的溶液中加大约一半份量的乙二醇，然后再加入丙酮，再慢慢地加入大约2/3份量的磷酸钠或磷酸三钠并搅拌均匀；

（3）向步骤（2）中加入剩余大约一半份量的乙二醇以及剩余大约1/3份量

的磷酸钠或磷酸三钠并搅拌均匀，然后再加入余量的水及松油并搅拌均匀。

产品应用　本品是一种改进的除油剂，适用于汽车清洗、家居用品及各类衣物的污渍或油渍的去除，使用十分方便简单，只需将本产品喷洒在污渍上，停留稍许，再用清水冲去即可。

产品特性　本产品制备过程无废气、废水、废渣排放，生产工艺简单，周期短。本产品可方便、快捷、有效地除去各种各样的油渍或油污，而对各重金属、非金属制品无腐蚀，对环境无害，对人体安全。

配方30　钢、铜工件抛光后中性脱蜡除油剂

原料配比

原料	配比（质量份）	
	1#	2#
三聚磷酸钠	12	8
十二烷基硫酸钠	0.1	0.2
硫酸	8	6
除蜡水专用表面活性剂	2	3
除积炭表面活性剂	3	2
NP-6	2	3
渗透剂JFC	2	1
水	加至100	

制备方法　开动粉体制作搅拌器，按照粉体制作搅拌的操作规程，将计算称量好的三聚磷酸钠、十二烷基硫酸钠依次徐徐加入搅拌器中，边加入边搅拌，当固体搅拌均匀后，再将计算称量的除蜡水专用表面活性剂、除积炭表面活性剂、NP-6、渗透剂JFC及水依次徐徐加到搅拌器中，直到充分搅拌均匀为止，放料包装。

原料介绍　所用原料均为市售产品，其中除蜡水专用表面活性剂、除积炭表面活性剂商品牌号分别为QYL-252C、QYL-290。

产品应用　本品不腐蚀清洗设备，可迅速、彻底除去钢、铜工件经高速机械抛光后残留的大量抛光膏黏附物，是一种钢、铜工件抛光后中性脱蜡除油剂。

使用方法：将本产品按5%～10%（质量分数）加水配成工作液，在25～80℃，槽浸除油1～8min，其结果是将钢、铜工件经高速机械抛光后残留的大量抛光膏黏附物彻底除去。

产品特性　本产品所选择的助剂、缓蚀剂等匹配合理，具有最佳的有效酸洗液浓度、助剂强化作用、表面张力、黏度系数等，既可避免腐蚀不锈钢清洗设备，又可迅速、彻底除去工件表面的抛光膏。

配方 31　高效除油除锈液

原料配比

原料	配比（质量份）		
	1#	2#	3#
盐酸	15	17.5	20
磷酸	1	1.5	2
油酸	3	4	5
乙醇	6	7	8
六亚甲基四胺	0.5	0.75	1
酸洗缓蚀剂	0.3	0.4	0.5
烷基酚聚氧乙烯醚	2	2.5	3
乙氧基化烷基硫酸钠	1	1.5	2
水	加至100		

制备方法　将各组分原料混合均匀即可。

产品应用　本品是一种高效除油除锈液。

产品特性　本产品具有除油除锈双重功能，且除油除锈速度快，条件温和，对机械部件腐蚀性小。

配方 32　高效除油剂

原料配比

原料	配比（质量份）		
	1#	2#	3#
氢氧化钠	15	12	18
碳酸钠	3	2	4
磷酸钠	4	3	5
壬基酚聚氧乙烯醚（TX-10）	8	5	10
OP-10	2	1	3
脂肪醇聚氧乙烯醚（AEO-9）	7	5	10
分散剂 IW	7	5	10
水	加至100		

制备方法

（1）在罐中加入适量水，然后加入氢氧化钠，搅拌；

（2）往罐中加入壬基酚聚氧乙烯醚，搅拌 25 ~ 40min；

（3）依次加入 OP - 10、脂肪醇聚氧乙烯醚和分散剂 IW，搅拌 55 ~ 80min；

（4）加入碳酸钠和磷酸钠，搅拌至罐中无沉淀物；

（5）加入余量的水。

产品应用 本品是一种高效除油剂。

产品特性 本产品中添加的分散剂 IW 与碱性物质反应，使除油剂除油能力增大了约 5 倍，使得本产品的除油剂清洗工件油污彻底，进而使得除油所需时间大大减少，可缩短至原清洗时间的一半。由于本产品的除油能力强，因而在进行不锈钢除油时，不再需要人工擦洗处理，仅用除油剂处理即能使不锈钢工件进入下一步的工艺生产，既节省了人工成本，又提高了除油效率，为工厂的生产带来极大的方便。本产品的制备方法简单易行、节能高效。

配方 33   高效金属除油除锈液

原料配比

原料	配比（质量份）	
	1#	2#
磷酸	10	15
酒石酸	5	10
碳酸钠	5	8
氟硅酸钠	3	5
硅酸钙	3	5
二氧化硅	5	8
硅酸铝	3	5
氧化铁	5	8
十六烷基三甲基溴化铵	5	8
脂肪醇聚氧乙烯醚	3	5
三乙醇胺	2	3
乙二胺四乙酸二钠	3	5
苯甲酸钠	2	3
甲醛	1	3
氯化铵	2	3
硫脲	1	3
二乙醇胺	2	3
1,2 - 丙二醇	2	5
山梨酸钾	3	5

续表

原料	配比（质量份）	
	1#	2#
氯化钠	3	5
聚二甲基硅氧烷	18	22
水	50	55

制备方法　将各组分原料混合均匀即可。

产品应用　本品是一种对金属材料表面进行预处理的高效多功能金属除油除锈液。

产品特性　本产品能够对金属表面进行一次性除油、除锈、除氧化皮，且使用方便、安全可靠、无环境污染、对人体和金属无刺激。

配方34　高效多功能金属除油除锈液

原料配比

原料	配比（质量份）		
	1#	2#	3#
磷酸	25	38	15
硅酸钠	4	2	6
十二烷基苯磺酸钠	2	2	4
六亚甲基四胺	1	1	2
三乙醇胺	3	2	6
柠檬酸	4	3	7
工业盐	3	3	6
OP－10乳化液	4	3	7
水	加至100		

制备方法　将原料分别按所取配量盛装在耐酸容器中，再将原料分别溶于水中，制成半成品的水溶液原料，水的用量以能够化开原料为准，各原料与水的溶解温度为：

磷酸在常温下用清水溶解，搅拌均匀，制成磷酸水溶液，待配；

硅酸钠用25～35℃温水溶解，搅拌均匀，制成硅酸钠水溶液，待配；

十二烷基苯磺酸钠用80～90℃热水溶解，搅拌均匀，制成十二烷基苯磺酸钠水溶液，待配；

六亚甲基四胺用25～35℃温水溶解，搅拌均匀，制成六亚甲基四胺水溶液，待配；

三乙醇胺用45~55℃温水溶解，搅拌均匀，待配；

柠檬酸用25~35℃温水溶解，搅拌均匀，待配；

工业盐用25~35℃温水溶解，搅拌均匀，待配；

OP-10乳化液用80~90℃热水溶解，搅拌均匀，待配。

将上述制成水溶液的半成品待配原料，按照后一项与前一项混合配制的次序，依次混合并按配比加足水量，配制成除油除锈液成品，然后盛装在塑料桶中待用。

产品应用 本品是一种对金属材料和金属制品的表面进行预处理的高效金属除油除锈液。

使用方法：建一个能够加热的池子，池内盛放除油除锈工作液，将金属工件浸泡在40~50℃的除油除锈工作液中，8~20min油污和锈斑可自动脱落，除净油污、锈斑的工件，干燥后即可进行后工序的喷涂或刷漆工作。

产品特性

（1）本产品能够有效地彻底清除金属表面附着的各种油污、锈斑以及附着的发蓝层、氧化皮，而且清洗后的金属表面能形成一种保护膜，保护金属在一定期间不再生锈氧化。

（2）简化了处理工艺，缩短了处理时间，除净油锈需8~30min，比盐酸清洗时间短，速度快。而且处理后的金属表面具有一定的缓蚀性能，在室外能保持3~5天或在室内能保持一个月左右不再产生二次氧化锈蚀。同时具有磷化功能，可当底漆使用，能为金属工件的再加工提供干净稳定的附着面。

（3）对钢铁基体不产生过腐蚀和氢脆，工作表面呈钢灰色，由于该溶液具有由各种不同性能的高分子合成原料所产生的协同效应，因此，不产生酸雾和有害气体。而且使用过的溶液废水经回收、沉淀、过滤后可重复使用。

（4）本产品的溶液内不含任何强酸、强碱和有机溶剂，无毒、无腐蚀、对环境无污染；对人体无任何刺激、无损害；而且稳定性好，不变质、不挥发、不燃不爆，使用安全可靠。

配方35 高效环保常温除油剂

原料配比

原料	配比（质量份）			
	1#	2#	3#	4#
磷酸盐	350	300	400	375
碳酸盐	250	250	270	250
焦磷酸盐	110	120	120	120

续表

原料	配比（质量份）			
	1#	2#	3#	4#
乙二胺四乙酸二钠	74	60	60	60
烷基二乙醇酰胺	30	30	30	30
脂肪醇聚氧乙烯醚	20	20	20	20
聚醚	15	15	15	15
高级醇	15	15	15	15
水	加至 1000			

制备方法 将各组分混合搅拌均匀即可。

产品应用 本品是一种高效环保常温除油剂。使用浓度为 50g/L，时间为 10～25min。

产品特性 本产品除油效果明显，能在常温条件下除去钢铁表面的防锈油，不仅可以降低生产成本，产生可观的经济效益，还可以节省大量能源，产生显著的环境效益，同时消泡性能好和除油清洁能力强。

配方 36 高效环保除油除锈除氧化皮剂

原料配比

原料	配比（质量份）				
	1#	2#	3#	4#	5#
羟基亚乙基二膦酸	10	12	3	7	7.5
柠檬酸	10	14	14	13	9
磷酸	15	12	12	18	17
草酸	8	14	14	9	13
纳米除油乳化剂	20	15	15	22	19
防腐剂	1	1	1	1	0.9
香精	0.5	0.5	0.05	0.2	0.4
水	加至 100				

制备方法

(1) 将各原料分别溶解在水中制成水溶液：将原料分别搅拌溶解在加热至 40～80℃的水中，搅拌速度为 60～120r/min。

(2) 将各原料水溶液依次混合配制成高效环保除油除锈除氧化皮剂。具体步骤为：将磷酸水溶液投入反应釜内，控制反应釜的转速为 40～90r/min，将羟基亚乙基二膦酸水溶液、柠檬酸水溶液和草酸水溶液分别投入反应釜中，羟基亚乙基二膦酸水溶液、柠檬酸水溶液和草酸水溶液的投入顺序任意，搅拌 15 ~ 60min；然后将纳米除油乳化剂水溶液投入反应釜内，控制反应釜的转速为 60 ~ 140r/min，搅拌 15 ~ 60min；最后调整反应釜的转速为 120 ~ 170r/min，将防腐剂和香精加入反应釜中，投料完毕后，调整反应釜转速为 140 ~ 240r/min，搅拌 1 ~ 5h，制得成品。整个配制过程控制温度为 40 ~ 80℃。

产品应用　本品是一种高效环保除油除锈除氧化皮剂。

产品特性

（1）本产品采用磷酸、羟基亚乙基二膦酸、柠檬酸、草酸和纳米除油乳化剂等原料进行组合，可使各原料产生协同作用，从而能够快速有效地除油、除锈、除氧化皮等。

（2）本产品能够彻底清除各种油污、蜡质、氧化物、氧化皮、焊斑、锈迹等，处理所需时间短，除净油污时间仅需 2 ~ 20min，更快捷方便，且不含强酸、强碱和有机溶剂，对环境污染小，对人体无刺激、无损害，使用更安全可靠。

配方 37　高效环保多功能除油去污剂

原料配比

原料	配比（质量份）	
	1#	2#
十二烷基苯磺酸钠	0.75	10
烧碱	30	—
油酸三乙醇胺	4.5	5
水玻璃	10	8
烧碱	—	25
壬基酚聚氧乙烯醚	3	2
元明粉	10	8
磷酸三钠	25	9
烷基多苷	1.5	2
三聚磷酸钠	10	15
葡萄糖酰胺	1.5	—
羧甲基纤维素	—	2
脂肪醇聚氧乙烯醚	3	2
椰油脂肪酸二乙醇酰胺	0.75	2

制备方法　将各组分原料混合均匀即可。

原料介绍　在上述除油去污剂中，有两大类物质：一类是多种表面活性剂，另一类是多种助洗剂。十二烷基苯磺酸钠、油酸三乙醇胺、壬基酚聚氧乙烯醚、脂肪醇聚氧乙烯醚、椰油脂肪酸二乙醇酰胺烷基多苷、葡萄糖酰胺等表面活性剂是本产品中的主要活性部分，具有显著的乳化、分散力，良好的溶解与润湿性，并且是多种不同成分、不同的组分复配，因而产生了良好的协同增效作用，从而大大提高了本产品的综合除油去污能力。

纯碱和烧碱、水玻璃、元明粉和磷酸三钠、三聚磷酸钠、羧甲基纤维素都是助洗剂。

产品应用　本品主要应用于机械、石油、交通运输等领域的除油去污。

产品特性

(1) 本产品将碱液除油、皂液除油、溶剂除油和表面活性剂除油科学地结合起来，不但提高了除油效力，还降低了除油操作条件，可在常温（20~30℃）操作除油去污。

(2) 本产品采用一般方法均匀混合而成。使用时视油污情况和清洗对象用水稀释成不同浓度的溶液。

配方38　广谱低温除油剂

原料配比

原料	配比（质量份）
改性异构醇醚	3
异构醇聚氧乙烯（3~9）醚	7
脂肪醇聚氧乙烯（3~9）醚	8
耐碱性阴离子活性剂中醇醚衍生物	7
葡庚糖酸钠	3
柠檬酸盐	6
偏硅酸钠	3
尿素	4
聚乙二醇	3
水	56

制备方法　将上述组分混合搅拌均匀即可。

产品应用　本品是一种广谱低温除油剂。适用于抽油烟机、排气扇、液化气灶、灶台、汽车外表面、汽车零部件等的清洁，也可以用于清洗不锈钢、瓷、铝、木和油漆表面，不会损伤基材。

产品特性

(1) 本产品能有效去除矿物油和动植物油。所述矿物油包括机油、防锈油、硅油；机油包括齿轮油、液压油、发动机油；防锈油包括低黏度防锈油和高黏度防锈油。所述动植物油包括植物油和动物油：植物油包括菜油、茶油、调和油等；所述动物油包括猪油等。

（2）本品对环境友好，气味好，安全，对各种油污都很有效果，各种硬表面喷上本产品后，能快速渗透乳化，自动松脱，用布一抹即可清洁如新。

配方 39　环保型除锈除油剂

原料配比

原料	配比（质量份）			
	1#	2#	3#	4#
水	500	500	500	500
浓盐酸	300	400	333	350
氯化铵	30	50	36	40
三辛胺	0.6	0.2	0.4	0.5
六亚甲基四胺	1.0	0.3	0.5	0.8
三乙醇胺	1.0	0.5	0.8	0.6
OP－10	0.8	0.3	0.5	0.4
吐温－80	0.8	0.3	0.5	0.4
苯并三氮唑	0.5	0.1	0.3	0.2

制备方法　将各组分原料混合均匀即可。

产品应用　本品是一种除锈除油剂。

产品特性　本产品优点是在水中溶解性好，配方组成简单，从而使操作简单，适用范围广。且所用试剂浓盐酸廉价易得，其中酸雾抑制剂、缓蚀剂和除油剂用量少，对环境污染小，在1h内即可完成除锈，除锈率和除油率都达99.8%。

配方 40　环保型钢结构除锈除油剂

原料配比

原料		配比（质量份）			
		1#	2#	3#	4#
除锈除油剂	水	500	500	500	500
	浓盐酸	333	300	400	350
	氯化铵	36	30	50	40
	三辛胺	0.4	0.6	0.2	0.5
	六亚甲基四胺	0.5	1.0	0.3	0.8
	三乙醇胺	0.8	1.0	0.5	0.6

原料		配比（质量份）			
		1#	2#	3#	4#
除锈除油剂	OP－10	0.5	0.8	0.3	0.4
	吐温－80	0.5	0.8	0.3	0.4
	苯并三氮唑	0.3	0.5	0.1	0.2
防锈剂	水	600	510	550	730
	OP－10	50	30	60	60
	苯并三氮唑	30	10	20	—
	六亚甲基四胺	—	10	20	—
	三乙醇胺	—	10	—	—
	乙二醇	20	30	50	10
	固含量为31%的有机氟改性丙烯酸酯乳化液	300	—	—	—
	固含量为30%的有机氟改性丙烯酸酯乳化液	—	400	—	—
	固含量为33%的有机氟改性丙烯酸酯乳化液	—	—	300	—
	固含量为32%的有机氟改性丙烯酸酯乳化液	—	—	—	300

制备方法 将各组分原料混合均匀即可。

原料介绍 防锈剂中的成膜剂为固含量为30%～33%的有机氟改性丙烯酸酯乳化液，缓蚀剂为六亚甲基四胺、三乙醇胺、OP－10（壬基酚聚氧乙烯醚）、苯并三氮唑中的一种或几种的混合物。所述助剂是OP－10、乙二醇或它们的混合物。

固含量为30%～33%的有机氟改性丙烯酸酯乳化液由下述方法制得：按摩尔份数计，在反应瓶内加入256份苯乙烯、124份丙烯酸丁酯、2～15份甲基丙烯酸六氟丁酯，然后依次加入1/3的乳化剂、4/5的引发剂，以70～85r/min的速度搅拌8～20min，暂停4～10min，接着搅拌8～20min，暂停4～10min，再搅拌5～20min后形成预乳化液；然后在另一反应瓶中加入蒸馏水，升温至75～90℃，依次加入剩余的2/3的乳化剂、1/5的引发剂和交联剂，达到反应温度时缓慢滴加上述制得的预乳化液，控制滴加时温度为88～90℃，滴加时间为1.5～1.8h，滴加结束后，85～95℃保温0.5～2h，降温至室温，用氨水中和至pH值为7～8，过滤后得有机氟改性丙烯酸酯乳化液。

所述乳化剂是 1 份 OP－10、3 份十二烷基硫酸钠和 30 份水的混合物，所述引发剂是过硫酸铵和 30 份水的混合物，所述交联剂是 10 份 N－羟甲基丙烯酰胺、2 份衣康酸和 40 份水的混合物。

产品应用　本品是一种钢结构除锈除油剂。除锈除油预防腐方法具体实施步骤如下。

（1）施工准备：建立除锈除油预防腐流水线；准备反应池原料；在除锈除油池中加入除锈除油剂，液位高度以能完全淹没钢结构为宜，使用前进行浓度测试分析，确定使用浓度、校正工艺流程、确定时间参数、检测使用效果。

（2）钢结构表面除锈除油：将钢结构浸入除锈除油池，利用除锈除油剂经化学反应完成除锈除油。

（3）清洗：将经过除锈除油的钢结构浸入清水池中冲洗。

（4）漂洗：将经过冲洗的钢结构浸入漂洗池中漂洗。

（5）预防腐、防锈处理：将经过两次冲洗的钢结构浸入防锈池中，使防锈剂在钢结构表面形成致密的钝化膜进行预防腐；干燥；吊起钢结构，干燥一段时间即可完成钢结构除锈除油预防腐。

产品特性

（1）由于本品采用有机氟改性丙烯酸酯乳化液为成膜剂，配以缓蚀剂和助剂，提高了膜层与工件表面的结合力，涂刷在钢材表面可形成致密的保护膜，有效隔绝空气中氧和水分与钢材表面的接触，达到长期防锈的目的，钢铁件防锈期可达 1 年以上。同时，由于有机氟改性丙烯酸酯乳化液具有耐光性，可以保护钢材表面本色不变。本产品的防锈剂使用时可采用浸泡、喷涂、刷涂等简单的方式，且不易燃、无毒，对环境污染小，使用安全。

（2）本产品的钢结构除锈除油预防腐方法，不仅防腐效果好，而且整个过程无污染排放，不仅环保，而且又实现资源循环利用，降低生产成本，具有明显的环保效益和经济效益。

配方 41　环保型钢铁除油除锈剂

原料配比

原料		配比（质量份）		
		1#	2#	3#
无机酸	盐酸	10	50	30
有机酸	草酸、柠檬酸（一种或两种的混合物）	20	40	30
表面活性剂	非离子表面活性剂 TX－10	3	5	5
抑雾剂	六亚甲基四胺、LAS（一种或两种的混合物）	2	5	3

续表

原料		配比（质量份）		
		1#	2#	3#
活化剂	二乙酸铵	2	5	3
十二烷基磺酸钠		0.2	0.3	0.25
水		30	50	40

制备方法　按上述质量份先将无机酸和有机酸加水混合均匀，再加入六亚甲基四胺、LAS（烷基苯磺酸钠）和二乙酸铵，混合均匀后加入 TX – 10 及十二烷基磺酸钠，搅拌均匀，制得产品 pH 值为 3 ~ 4，外观为浅黄色或棕色液体或无色固体。

原料介绍　草酸和柠檬酸起除锈作用。抑雾剂用于抑制盐酸酸雾的挥发产生，同时促进盐酸酸洗金属过程中清除各种油污，减缓或抑制盐酸对金属的腐蚀，与盐酸具有良好的协同效果。

产品应用　在 10 ~ 35℃ 使用本产品，浸泡 1 ~ 15min 即可完成对产品的除油除锈工艺。本品主要用于喷漆、喷塑、电泳、电镀、氧化和石油装备的工件上。

产品特性　本产品能防止钢铁氢化，防止钢铁失去韧性而脆化，不腐蚀钢铁表面，气味小，能快速去除钢铁表面油污及锈皮，防雾无毒环保。通过上述方法制备的产品浸泡工件，形成正离子与正离子之间的相互排斥，从而使锈皮及油污剥落。

配方42　金属表面除油除锈剂

原料配比

原料	配比（质量份）		
	1#	2#	3#
盐酸	2	3	4
磷酸	10	8	5
草酸	4	3	6
冰醋酸	3	2	4
柠檬酸	3	4	2
聚乙烯醇	4	4	3
六亚甲基四胺	2	2	1
环氧乙烷	2	2	3
乙二醛	2	1	1

原料	配比（质量份）		
	1#	2#	3#
硬脂酸镁	2	2	3
甘油	3	2	4
硫脲	3	4	4
钼酸铵	2	3	4
聚天冬氨酸	2	1	1
EDTA 二钠	2	4	3
乙二胺四亚甲基膦酸钠	1	2	1
聚马来酸钠	1	3	2
羟基亚乙基二膦酸	2	3	2
表面活性剂	2	4	6
水	80	100	70

制备方法

（1）加入水、盐酸、磷酸、草酸、冰醋酸、柠檬酸、EDTA 二钠、乙二胺四亚甲基膦酸钠、聚马来酸钠、羟基亚乙基二膦酸，然后缓慢升温到 40℃左右，保温 30~60min，放冷；

（2）在步骤（1）所得混合物中，边搅拌边加入聚乙烯醇、六亚甲基四胺，使其充分溶解；

（3）在步骤（2）的混合物中加入环氧乙烷、乙二醛、硬脂酸镁、甘油、硫脲、钼酸铵、聚天冬氨酸、表面活性剂，搅拌均匀，即可。

原料介绍　上述的表面活性剂优选阴离子表面活性剂，更优选的是脂肪醇聚氧乙烯醚硫酸钠。

上述的聚乙烯醇的分子量优选是 1 万~3 万。

磷酸、草酸、冰醋酸、柠檬酸等弱酸能有效地保护金属基材，减少其被腐蚀，减少氢脆对制件的危害。聚天冬氨酸是缓蚀剂，可以防止除油除锈剂对金属底材产生腐蚀。硫脲起缓蚀作用，可防止工件的过腐及氢脆的发生。表面活性剂有助于油污的分散及锈层的脱落，也起到抑制酸雾的作用。

产品应用　本品是一种金属表面除油除锈剂。

产品特性　本产品使用方便，可以对金属进行除油、酸洗、除锈，经过处理后，金属表面平整光滑，可以有效地增加金属表面与油漆、镀层等的结合力。对于轻锈的除锈时间在 2min 左右，对于重锈的除锈时间在 6~7min，除油率可达 97%以上。

配方 43　金属表面除油清洗剂

原料配比

原料	配比（质量份）				
	1#	2#	3#	4#	5#
氢氧化钾	8	9	5	7	4
硫酸钠	23	20	30	25	28
磷酸三钠	20	18	15	16	10
碳酸钠	15	14	15	15	10
三聚磷酸钠	10	9	8	9	5
渗透剂 JFC－M	2	3	4	3	1
乳化剂 FMES	6	6	6	6	10
乳化剂 OP－10	5	5	5	5	3
二乙二醇单丁醚	6	5	4	5	2

制备方法

(1) 将氢氧化钾、碳酸钠、磷酸三钠、硫酸钠、三聚磷酸钠加入粉体搅拌器中搅拌均匀；

(2) 然后将渗透剂 JFC－M、乳化剂 FMES、乳化剂 OP－10、二乙二醇单丁醚加入粉体搅拌器中搅拌混合均匀，得产品。

原料介绍　渗透剂 JFC－M 具有良好的渗透性能，易于洗去各种油污。

乳化剂 FMES（脂肪酸甲酯乙氧基化物磺酸盐）是一种性能全面的阴离子表面活性剂，低泡沫、耐碱，具有良好的乳化分散力，适用于油脂和蜡质等重型污垢去除。特别是小浴比的工作液，具有极佳的防止反沾污性能。

乳化剂 OP－10 具有很好的乳化、润湿、扩散、净洗等性能；耐酸、碱、硬水。

二乙二醇单丁醚是一种有机溶剂，可以除去它能溶解的油脂，在本品中它是一种活性组分，可以大大地改善脱脂剂的除油能力。

产品应用　本品是一种金属表面除油清洗剂。

本产品的使用方法：将本产品 7～8 份与水 93～98 份配成金属脱脂处理液，常温下搅拌溶解；然后将金属工件放入，处理时间 30s～10min。

产品特性

(1) 本产品由乳化剂、渗透剂、有机溶剂及助剂组成，可以弥补它们单一使用时的不足，油脂污垢很容易从被洗金属表面脱离，提高了清洗速度。不论是皂化性油污还是非皂化性油污均可以去除，能防止清洗工件的油污反沾污在金属表面，降低原料成本，提高净洗效果，缩短清洗时间。

（2）本产品不含有机硅消泡剂，不影响涂装质量。适用于电镀、氧化、磷化、发黑、电泳、防锈等涂装前各种金属零部件表面油污、油渍的清洗。对矿物油、动植物油均有特效清洗效果。

（3）本产品能够在常温下快速去除各种各样的油污或油渍，在不结冰的环境温度～45℃的范围内使用，对金属工件清洗30s～10min，金属工件表面的油污或油渍即可清洗干净。不影响后道工序的涂装质量，对环境无害，对人体安全，是使用方便的常温脱脂产品。

（4）本产品在生产过程中无废渣、废气、废水的排放，生产工艺简单、生产周期短，运输方便。

配方 44　金属高效除油除锈剂

原料配比

原料	配比（质量份）	
	1#	2#
磷酸	18	20
盐酸	8	12
乙酸	5	8
硼酸	3	5
氢氧化铁	2	3
草酸铵	2	4
乙二酸二乙酯	3	5
乙酸钠	4	6
碘化钾	3	5
苯酚	2	4
乳酸钠	4	5
柠檬酸	1	3
间苯二酚	3	6
对羟基苯甲醚	4	5
碳酸钠	3	4
乙二胺四亚甲基膦酸	5	6
碳铵	1	2
水	25	30

制备方法　将各组分原料混合均匀即可。

产品应用　本品是一种金属高效除油除锈剂。

产品特性　本产品既能在常温下高速除油除锈，又能使金属基体不被腐蚀和抑制酸雾，起到了优异的协同作用。

配方 45　金属表面高效除油除锈剂

原料配比

原料	配比（质量份）							
	1#	2#	3#	4#	5#	6#	7#	8#
盐酸（32%）	500	500	500	500	500	500	500	500
乳酸	5	—	—	—	—	30	15	—
草酸	—	1	20	10	5	15	—	10
柠檬酸	—	—	1	30	5	10	—	10
酒石酸钾钠	—	5	—	—	—	10	—	—
氯化钠	10	—	—	—	—	40	—	—
亚硝酸钠	—	—	—	—	—	0.1	0.5	—
氯化亚锡	—	—	—	1	10	—	—	4
三氯化铁	—	—	—	5	—	—	10	—
硫脲	1	—	—	—	—	10	—	—
对苯二酚	—	0.5	5	—	—	—	5	1
六亚甲基四胺	—	1	—	—	—	10	—	—
FHX-1	—	—	—	10	20	—	—	10
十二烷基硫酸钠（SDS）	1	—	—	10	—	—	1	—
841-93	—	—	5	—	15	—	20	—
NP-10	—	—	—	1	10	—	—	10
平平加	—	—	1	—	—	—	10	—
CPC	—	1	—	—	10	—	—	—
水	加至1000							

制备方法　在配制槽中先加入总计量半数之水，然后在搅拌下将分别以少量水溶解的各组添加剂溶液加入，混溶后加入计算量的浓盐酸（30%～38%），最后处理剂的盐酸浓度为15%，若浓度过高则以水稀释之。各组分加完搅拌均匀即可使用。

产品应用　本品是一种金属表面高效除油除锈剂，室温下 3～5min 即可将带有油污和锈层的金属清除干净，浸入清洗和涂刷清洗效果均佳。

产品特性　经本品处理后的金属表面明亮、光滑，可直接进行镀层或其他加工。本品既能在常温下高速除油除锈，又能使金属基体不被腐蚀和抑制酸雾，起到了优异的协同作用。

配方46　金属除油除锈剂

原料配比

原料	配比（质量份）		
	1#	2#	3#
氢氧化钠	2	3	2.5
磷酸二氢锌	3	5	4
椰子油脂肪酸	3	5	4
磷酸	80	100	90
石英砂	10	15	12
水	200	250	225

制备方法　将各组分原料混合均匀即可。

产品应用　本品主要用于钢、铜、铝、不锈钢等器皿表面的除锈除油。

产品特性　本产品具有去油、去锈、去尘垢等作用，并可自然形成牢固的保护层，无毒环保。

配方47　金属除油除锈液

原料配比

原料	配比（质量份）
浓盐酸（36%）	30（体积份）
浓硫酸（98%）	40（体积份）
浓硝酸	20（体积份）
磷酸（相对密度1.67）	40（体积份）
磷酸三钠	20
硅酸钠	8
六亚甲基四胺	1
硫脲	1
十二烷基苯磺酸钠	2
柠檬酸	6

原料	配比（质量份）
糖精	6
OP - 10	3
水	加至 1000

制备方法 将各组分溶于水混合均匀即可。

产品应用 本品是金属材料的一种化学除油除锈剂。本产品的使用方法：只需在常温下浸泡需要除锈除油的金属工件 8~30min，油和锈可自动脱落，处理后用清水冲洗，工件干燥后可待用。

产品特性

（1）本产品在使用时所需的设备工艺简单，不需要高温加热，不需用刷子刷洗，只需在常温下浸泡，油和锈可自动脱落。使除油、除锈、防锈三道工序合一，同时还可提高除油、除锈的速度和防锈的质量。在使用中耗量少、成本低，能省去除油工序和加热设备，节约能源，清洁生产，经济效益高，同时对环境没有任何污染。

（2）本产品为白色透明液体，味淡无臭，对人体及金属均无刺激或损害，安全、无毒、无挥发，可以循环使用。

配方48 金属除油剂

原料配比

原料	配比（质量份）			
	1#	2#	3#	4#
草酸	120	200	150	180
碳酸氢钠	150	100	120	150
脂肪醇聚氧乙烯醚	10	30	10	20
烷基酚聚氧乙烯醚	5	2	3	4
硫脲	5	15	10	8
乙二胺四乙酸二钠	40	20	40	35
水	加至 1000			

制备方法 将各组分溶于水混合均匀即可。

产品应用 本品是一种钢铁、铜、铝或者不锈钢的除油剂。

产品特性

（1）本产品配方中含有的草酸使酸雾明显减少，表面活性剂具有去油、抑雾等作用。由于配方各组分的协同作用使得本除油剂在除油时具有操作简单、快速、高效、环保等特点。

（2）本产品制备方法简单，原料易得，易于工业化生产，经济安全。

配方49　金属除油清洗剂

原料配比

原料	配比（质量份）		
	1#	2#	3#
葡萄糖酸钠	3	6	4.5
丙烯酸 $C_1 \sim C_4$ 烷基酯	4.5	9	7
稳定剂	1.4	4	2.8
磷酸三钠	5	8	6.5
氨基酸	2.2	5	3.8
三聚硅酸钠	3.5	8	6
聚丙烯酰胺	2.4	6	4.5
氯化锌	2.6	7	5.4
硼砂	1	4	2.5
乳化剂	4.2	7.6	5.8

制备方法　将各组分原料混合均匀即可。

产品应用　本品是一种金属除油剂。

产品特性　本产品能够清洗机械设备、机床上的油污，同时产生的泡沫少，易于清洗，并且对金属设备的腐蚀性较小，可以长期使用。

配方50　金属电声化快速除油除锈除垢清洁剂

原料配比

原料	配比（质量份）	
	1#	2#
碳酸氢钠	10	12
氢氧化铁	8	10
氢氧化铜	5	8
氢氧化钠	4	5
碳酸钠	3	5
硫酸铝	4	5
氢氧化铝	2	3

原料	配比（质量份）	
	1#	2#
硫酸镁	3	5
碳酸镁	4	5
氨基磺酸铵	5	8
硼酸	2	3
磷酸	5	6
甲磺酸	2	3
烷基糖苷	1	3
甘露糖	3	4
十六烷基三甲基溴化铵	2	3
四丁基溴化铵	5	6
水	20	25

制备方法　将各组分原料混合均匀即可。

产品应用　本品是一种金属电声化快速除油除锈除垢清洁剂。

产品特性　本产品能快速地同时除去锈蚀物和水垢等，使用方便，安全无污染，有利于环境的保护。

配方51　除油除锈剂

原料配比

原料	配比（质量份）				
	1#	2#	3#	4#	5#
质量分数≥50%羟基亚乙基二膦酸 HEDP	20	25	20.5	25	22
质量分数≥30%聚丙烯酸 PAA	15	15	18	16	16
水	59.4	42	51.8	50	53
质量分数≥96%片碱 NaOH	2	5	5	4	4.8
超浓缩无泡洗衣粉	2	10	2.5	3	2.5
质量分数≥96%苯并三氮唑	0.1	0.5	0.2	0.3	0.2
质量分数≥96%亚硫酸钠	1.5	2.5	2	1.7	1.5

制备方法

(1) 按组分和浓度在常温常压下加入羟基亚乙基二膦酸 HEDP；

(2) 按组分和浓度在常温常压下添加聚丙烯酸 PAA 并搅拌均匀；

（3）按组分和浓度在常温常压下添加片碱 NaOH 并搅拌均匀；

（4）按组分在常温常压下添加苯并三氮唑并搅拌均匀；

（5）按组分在常温常压下添加亚硫酸钠并搅拌均匀；

（6）按组分在常温常压下添加水并搅拌均匀；

（7）按组分在常温常压下添加其他助剂并搅拌均匀。

产品应用　本品主要用作碳钢、低合金钢、有色金属以及碳素钢 – 不锈钢组合系统的高级清洗剂。

产品特性

（1）本清洗剂能够一次性去除所有金属表面的油污、固体颗粒等附着物，能完全彻底地溶解钢铁表面的铁锈、轧制鳞片等，且没有危害钢铁的渗氢现象产生。

（2）本产品安全可靠，操作简单，效果显著，应用广泛，绿色环保。

配方 52　离子镀膜前工件处理工艺及除油、去污清洗剂

原料配比

原料		配比（质量份）
		1#
除油清洗剂	烷基酚聚氧乙烯醚	20
	十二烷基醇酰胺	8
	荧光剂	1
	水	加至100
去污清洗剂	硫酸	0.8
	苯甲酸钠	0.7
	羟甲基纤维素	0.1
	水	98.4

制备方法　将各组分原料混合均匀即可。

产品应用　本品是一种在真空离子镀前对工件表面处理的工艺及除油、去污清洗剂。

对待镀件先逐一检查其可镀性，对符合条件的工件装筐后用溶剂性汽油浸泡、刷洗，再用除油金属清洗剂常温除油，经自来水漂洗后再用去污金属清洗剂常温下除去表面氧化膜，经自来水漂洗后浸入置有乙醇和乙二醇的超声波清洗机器中脱水，自然干燥后进行清洗质量检查，装盘待用。

产品特性　采用本产品的镀前处理工艺，其处理后的工件表面光亮、清洁、无痕迹，采用本品的除油、去污清洗剂，达到了去油、去污、去除氧化膜的目的。

配方 53 铝材表面脱脂除油剂

原料配比

原料	配比（质量份）
碳酸钠	5.5
硅酸钠	4.5
脂肪醇聚氧乙烯醚硫酸钠	2
水解聚马来酸酐	19
羟基亚乙基二膦酸	11
烷基酚聚氧乙烯醚	1.1
水	加至100

制备方法 按比例称取上述组分，先将碳酸钠和硅酸钠溶于水中，然后将溶液冷却，控制溶液温度不高于40℃，加入羟基亚乙基二膦酸，使之溶解完全后，再依次加入水解聚马来酸酐、脂肪醇聚氧乙烯醚硫酸钠和烷基酚聚氧乙烯醚，通过搅拌至溶液均相，即得。

产品应用 本品是一种铝材表面脱脂除油剂。

产品特性 本产品除油效果好、无毒、无味、不燃不爆，清洗废液近中性，不含强酸、重金属离子，对环境无污染。本产品在室温环境下使用，除油率达到65%；60℃条件下使用，除油率达到99%；80℃条件下使用，除油率高达99.8%。

配方 54 铝合金表面碱性除油剂

原料配比

原料		配比（质量份）			
		1#	2#	3#	4#
混合碱		20	25	35	40
OP-10乳化剂		1	2	4	5
水		1000	1000	1000	1000
混合碱	碳酸钠	3	4	3	3
	氢氧化钠	0.5	1.5	1	1
	磷酸三钠	3	3	3	4

制备方法　将各组分溶于水中，搅拌混合均匀即可。

产品应用　本品是一种铝合金表面碱性的除油剂。使用时，将混合液放置在碱性槽中，常温下，将基体放入其中浸泡1~5min即可，油污过重时，可适当加热至40℃。

产品特性　本产品具有很强的去除油污的作用，对铝基腐蚀轻微，光泽好。可在常温下操作，节约能源，低泡，并减少了碱雾溢出和废碱液排放，从而在生产环节中减少了对人体的伤害和对环境的污染。

配方55　铝合金表面酸性除油剂

原料配比

原料	配比（质量份）			
	1#	2#	3#	4#
十二烷基硫酸钠	3	5	4	5
丁二酸二己酯磺酸钠	0.1	1	2	1
浓硫酸	25	35	30	28
水	1000	1000	1000	1000

制备方法　取十二烷基硫酸钠、丁二酸二己酯磺酸钠加入水中搅拌溶解，再加入浓硫酸，搅拌溶解即得到产品。

产品应用　本品主要用于铝型材、铝合金等产品的酸性前处理。使用时，将铝合金在常温下放入该产品中浸泡1~5min即完成除油工序。

产品特性　本产品具有很强的去除油污、氧化物的作用，对铝基腐蚀轻微，光泽好。可在常温下操作，节约能源，并减少了酸雾溢出和废酸液排放，从而在生产环节中减少了对人体的伤害和对环境的污染。

配方56　铝合金除油清洗剂

原料配比

原料	配比（质量份）		
	1#	2#	3#
柠檬酸	4	5	3
葡萄糖酸	2	1	3
碳酸钾	8	6	6
二甲苯磺酸钠	5	6	68
铝缓蚀剂组合物	7	8	8
水	74	74	72

制备方法 依次加入水、柠檬酸、葡萄糖酸、碳酸钾、二甲苯磺酸钠和铝缓蚀剂组合物，搅拌至均匀透明。

原料介绍 所述的柠檬酸为45%的溶液。

所述的二甲苯磺酸钠为质量分数为40%～60%的溶液。

所述的铝缓蚀剂为硅酸盐和水溶性磷酸酯的混合物。

产品应用 本品是一种专门铝合金用除油清洗剂。

产品特性 本产品具有极强的渗透、分散、增溶、乳化作用，对油脂、污垢有很好的清洗能力，其脱脂、去污净洗能力超强。产品不含无机离子，抗静电，易漂洗，无残留或极少残留，可做到低泡清洗，能改善劳动条件，减轻环境污染；并且在清洗的同时能有效地保护被清洗材料表面不受侵蚀。

配方57 铝合金焊丝表面除油清洗剂

原料配比

原料	配比（质量份）	
	1#	2#
氢氧化钠	0.1	0.5
碳酸钠	6	8
偏硅酸钠	1	2
脂肪醇聚氧乙烯醚	0.2	0.1
柠檬酸钠	0.5	0.8
水	加至100	

制备方法 将各组分原料混合均匀即可。

原料介绍 所述的偏硅酸钠为五水偏硅酸钠。

所述的柠檬酸钠是配位剂，起缓蚀作用，同时防止槽液中产生氢氧化铝沉淀。

产品应用 本品是一种专门铝合金焊丝表面用除油清洗剂，直接应用于铝合金焊丝生产过程中表面清洗工序。使用工艺条件、工艺参数如下：

采用超声波配合清洗；清洗温度40～80℃；清洗时间5～20s。

产品特性

（1）本产品可有效地清除铝合金焊丝表面的油污，且配方简单，寿命长。清洗后铝合金焊丝表面具有一定的亮度，符合铝合金焊丝表面光洁度及亮度的要求。

（2）本产品配合超声波使用，可快速地在5～20s时间内对铝合金焊丝达到清洗的目的，是一种高效率的清洗配方，适合铝合金焊丝的高速、连续生产，可保持其性质，稳定生产30～40天。

配方 58　纳米除蜡除油清洗剂

原料配比

原料	配比（质量份）			
	1#	2#	3#	4#
椰油酸二乙醇酰胺（6501）	4	4	3	5
椰子油烷基醇酰胺磷酸酯（6503）	26	20	22	25
直链烷基苯磺酸	6	7	9	8
油酸	5	4	6	5
脂肪醇聚氧乙烯醚（JFC）	10	8	1	10
三乙醇胺	8	6	8	8
YT-61 除蜡专用表面活性剂	3	4	2.5	3
乙二胺四乙酸四钠（EDTA 四钠）	0.5	0.5	1	0.5
MPA-500 纳米二氧化硅气凝胶粉体	0.05	0.07	0.1	0.05
水	37.45	46.43	41.4	41.4

制备方法

（1）在水中加入金属螯合剂，得金属螯合剂水溶液。

（2）将乳化剂、金属缓蚀剂和助洗剂加入反应釜中，开动搅拌机以中低速搅拌 5~8min；再加入水和净洗剂，用相同的速度继续搅拌 5~8min；然后加入渗透剂、除蜡表面活性剂和纳米二氧化硅，以相同的速度继续搅拌 5~8min；搅拌后再加入步骤（1）所得金属螯合剂水溶液，补足余量的水后继续搅拌 10~15min，即得纳米除蜡除油清洗剂。

原料介绍　所述净洗剂可选用椰油酸二乙醇酰胺（6501）和椰子油烷基醇酰胺磷酸酯（6503），按质量比椰油酸二乙醇酰胺（6501）：椰子油烷基醇酰胺磷酸酯（6503）=1:5。

所述助洗剂可选用直链烷基苯磺酸。

所述乳化剂可选用油酸。

所述渗透剂可选用脂肪醇聚氧乙烯醚（JFC）。

所述金属缓蚀剂可选用三乙醇胺。

所述除蜡表面活性剂可选用商品除蜡专用表面活性剂 YT-61。

所述金属螯合剂可选用乙二胺四乙酸四钠（EDTA 四钠）。

所述纳米二氧化硅可选用纳米二氧化硅气凝胶粉体 MPA-500。

产品应用　本品是一种纳米除蜡除油清洗剂。

产品特性

（1）本产品外观为琥珀色透明液体，pH 值为 8~9，除蜡、油等污垢率高达 99.5%，并且对环境无污染，对人体无伤害，具有极好的经济效益和社会效益。

（2）本产品清洗能力强、使用量少、清洗温度低、清洗速度快、清洗持久力强，长时间使用不变质。用量为 2%~4%，温度为 55~75℃，清洗时间 2~5min，清洗成本低。

（3）本产品具有极高的物理稳定性和抗硬水性，无毒、无害，对金属表面无腐蚀，清洗后的产品光泽度好。

配方59　能除蜡除油除锈增亮的清洗剂

原料配比

原料	配比（质量份）		
	1#	2#	3#
磷酸	21	35	12
氢氟酸	3	0.1	4
壬基酚聚氧乙烯醚	2	1	10
月桂醇聚氧乙烯醚硫酸钠	5	0.5	12
乙醇	8	9	3
硫酸铬	2	2	8
水	加至100		

制备方法　将各组分原料混合均匀即可。

产品应用　本品是一种能除蜡除油除锈增亮的清洗剂。

产品特性　本产品的配方均采用无异味无毒性的组分，能够持久除蜡除油去尘除锈增亮，具有防腐蚀效果，清洗效果显著，经久耐用，能提高清洗效率，提高效益，减少浪费，降低成本，是一种价格合理且性价比高的环保型清洗剂。

配方60　钕铁硼磁性材料表面除油去污清洗剂

原料配比

原料	配比（质量份）					
	1#	2#	3#	4#	5#	6#
氢氧化钠	5	6	7	8	9	10
碳酸钠	15	20	20	25	25	30
磷酸三钠	30	35	40	40	45	50
焦磷酸钠	10	12	12	14	15	15

续表

原料	配比（质量份）					
	1#	2#	3#	4#	5#	6#
OP－10	1	1.5	2	2.	2.5	3
十二烷基硫酸钠	1	1.5	1	2	1.5	2
硫脲	0.5	0.8	1	1.5	1	1.5
水	加至 1000					

制备方法　将各组分原料混合均匀即可。

原料介绍　氢氧化钠主要起皂化作用；碳酸钠和磷酸三钠有一定的皂化能力和缓冲作用，且磷酸三钠还起一定的乳化作用；焦磷酸钠缓冲性良好，有一定的表面活性作用，而且还具有一定的螯合作用，可以防止基体材料表面生成不溶性的硬皂化膜；OP－10 乳化剂主要起乳化作用，去除非皂化性油脂；十二烷基硫酸钠和硫脲分别作为表面活性剂和缓蚀剂。

产品应用　本品是一种钕铁硼（NdFeB）磁性材料表面除油去污清洗剂。使用方法：清洗温度为 30～50℃，用浸泡法清洗需 10～15min，用超声波清洗需 3～6min。

产品特性

（1）效果好。该清洗剂可有效去除 NdFeB 磁性材料表面和孔隙中的油污，为后续工序提供洁净的表面。

（2）工艺简单，使用方便，只需将工件浸泡在清洗剂中并搅拌或采用超声波清洗即可实现彻底除油。

（3）使用安全，无毒无味，不燃不爆，清洗温度低，清洗时间短，不对基体产生过腐蚀。

（4）性能稳定，可长期存储而不影响使用效果。

本产品利用皂化作用和乳化作用原理，使用皂化剂和乳化剂，配合一些表面活性剂和缓蚀剂组成适用于 NdFeB 磁性材料的表面除油去污清洗剂。材料表面的油脂与除油液中的皂化物质发生皂化反应，使不溶于水的皂化性油脂变成能溶于水的肥皂和甘油而除去；材料表面的非皂化性油脂与乳化剂作用，变成微细的油珠与材料表面分离，并均匀分布到溶液中，成为乳浊液，实现除油目的。表面活性剂能溶于水中，即有亲水性；另外，在除油过程中能吸附油污，即有一定的亲油性，表面活性剂的亲油作用有利于降低除油温度。缓蚀剂在溶液中能降低基体材料的腐蚀速度，防止基体的过腐蚀。

本产品清洗剂化学性能稳定，使用周期长，使用本清洗剂时所需的设备简单，在 30～50℃下用浸泡法在 10～15min 内即可实现彻底除油，如使用超声波除油则所需时间更短，缩短了钕铁硼磁性材料前处理所需的时间，减轻了材料在前处理中的腐蚀。经处理后的表面可直接进行电镀、化学镀或喷涂，增加镀（涂）层的结合力，提高防护层的质量。这种清洗剂使用温度比较低，除油所需时间比较短，因而对 NdFeB 磁性材料基体的腐蚀比较小，同时清洗剂的存储稳定性较好。

配方 61　清洗重油渍的除油粉

原料配比

原料	配比（质量份）			
	1#	2#	3#	4#
碳酸钠	20	22	25	30
十二烷基磺酸钠	20	24	28	30
氢氧化钠	15	22	20	23
葡萄糖酸钠	15	20	18	23
扩散剂 NNF	8	13	10	15
十二烷基苯磺酸钠	5	7	6	8
渗透剂 JFC	3	5	4	6

制备方法

（1）将氢氧化钠、十二烷基磺酸钠、碳酸钠搅拌均匀得 A 粉，搅拌时间是 20~40min；

（2）将葡萄糖酸钠加入 A 粉中，搅拌均匀得 B 粉，搅拌时间是 15~25min；

（3）将十二烷基苯磺酸钠加入 B 粉中，搅拌均匀得 C 粉，搅拌时间是 15~25min；

（4）将渗透剂加入 C 粉中，搅拌均匀得 D 粉，搅拌时间是 15~25min；

（5）将扩散剂 NNF 加入 D 粉中，搅拌均匀得到除油粉，搅拌时间是 20~40min。

产品应用　本品是一种清洗重油渍的除油粉。

产品特性　本产品采用了不同的原料、配比及制作工艺，与普通的同类除油粉相比，除油效果增强了 1~2 倍，使用周期增加了 1~2 倍，从而解决了对重油渍多道工序清洗这一技术难点，有效提高了工作效率，显著节约了生产成本，而且对环境污染小，对人体健康影响小。

配方 62　双组分电池铝壳除油剂

原料配比

原料			配比（质量份）		
			1#	2#	3#
A 剂	阴离子表面活性剂	仲烷基磺酸钠（SAS-60）	5	5	6
		十二烷基苯磺酸钠	10	15	12

原料			配比（质量份）		
			1#	2#	3#
A 剂	非离子表面活性剂	异构脂肪醇聚氧乙烯醚 AEO-7（C₁₃）	20	15	20
		脂肪醇聚氧乙烯醚 AEO-9	25	15	20
	溶剂	2-甲基-2,4-戊二醇	10	15	12
		水	30	35	30
B 剂	无机碱	五水偏硅酸钠	50	70	60
	螯合剂	乙二胺四乙酸四钠	10	6	8
		柠檬酸钠	20	12	16
		葡萄糖酸钠	20	12	16

制备方法

（1）制备 A 剂，包括如下步骤：

①称取阴离子表面活性剂，放入搅拌桶，先加一定量的热水搅拌；

②称取非离子表面活性剂，放入搅拌桶，充分搅拌；

③称取溶剂，放入搅拌桶，加入剩余量的清水，充分搅拌成清液，而制成双组分电池铝壳除油剂 A 剂。

（2）制备 B 剂，包括如下步骤：

①称取无机碱、螯合剂放入搅拌器，充分搅拌均匀；

②按包装规格装料包装。

产品应用　本品是一种双组分电池铝壳除油剂，广泛用于电池铝壳的除油清洗。

使用方法包括以下步骤：

（1）计算超声波槽内的工作液的质量，按工作液质量的 5% 和 2% 分别称取 A 剂和 B 剂，加到超声波槽，然后按工作液质量的 93% 加入水至工作液位，搅拌溶解均匀；在 60~70℃ 加热。

（2）开启超声波槽加热器，设定温度 65℃，加热；

（3）当槽液温度升至 65℃ 时，开启超声波清洗 60s，清水漂洗 3 次，然后烘烤。

产品特性

（1）本产品可广泛应用于电池铝壳超声波清洗。清洗后的产品质量完全满足客户要求，清洗后的铝壳不但不腐蚀，反而更光亮。

（2）本产品除油速度快、腐蚀性小、单位除油面积大、净洗力优良。

配方 63　水基除油印刷电路板清洗剂

原料配比

原料		配比（质量份）
环己烷		23
丙酮		12
丁二醇		25
乙醇		26
单硬脂酸甘油酯		5
月桂醇硫酸钠		3.5
琥珀酸		3.5
椰油酸烷醇酰胺		3.5
异丙醇		11
助剂		4.5
水		110
助剂	硅烷偶联剂 KH-570	2.6
	植酸	1.6
	甲基丙烯酸正丁酯	3.6
	2,4,6-三（二甲氨基甲基）苯酚	1.6
	苯甲酸单乙醇胺	2.6
	抗氧剂 1035	1.6
	乙醇	16

制备方法　将水、丙酮、丁二醇、乙醇、单硬脂酸甘油酯、月桂醇硫酸钠、椰油酸烷醇酰胺、异丙醇混合，在 600~800r/min 搅拌下，以 6~8℃/min 的速率加热到 50~60℃，加入其他剩余成分，继续搅拌 15~20min，即得。

原料介绍　所述助剂的制备方法是将硅烷偶联剂 KH-570、植酸、乙醇等混合，加热至 60~70℃，搅拌 20~30min 后，再加入其他剩余成分，升温至 80~85℃，搅拌 30~40min，即得。

产品应用　本品主要用于电子工业产品的表面油污清洗，特别是精密电路板的清洗。

产品特性　本产品能够在电路板表面形成保护膜，隔绝空气，防止大气中的水及其他分子腐蚀电路板，抗氧化，防短路，方便下一步制作工艺进行。

配方 64　碳酸钠除油剂

原料配比

原料	配比（质量份）
碳酸钠	20~35
十二烷基苯磺酸钠	10~15
草酸	10~25
丙烯	10~30
硫脲	5~10
水	加至100

制备方法　将各组分原料混合均匀即可。

产品应用　本品是一种碳酸钠除油剂。使用时，可直接喷涂于油污表面，反复擦拭即可。

产品特性　本产品无毒、无磷、无刺激性气味、无残留物，低泡，可完全生物降解，除油污力强，可以有效清除金属构件外表的油性沉积物，多种油迹、污物等油垢，制备方法简单，成本低，在制备过程中无任何污染物质产生。

配方 65　铜及其合金除油剂

原料配比

原料	配比（质量份）	
	1#	2#
草酸	200	150
碳酸氢钠	100	120
脂肪醇聚氧乙烯醚	30	10
烷基酚聚氧乙烯醚	2	3
硫脲	15	10
乙二胺四乙酸二钠	20	40
水	加至1000	

制备方法　将各组分加入容器中，加水至1000份，然后在60℃搅拌8min即得金属除油剂。

产品应用　本品是一种铜及其合金除油剂。除油方法包括下述步骤。

（1）将1质量份酸性除油剂和6~10质量份水混合均匀，得到混合除油液；

（2）将需要除油的铜及其合金浸泡在步骤（1）的混合除油液中

1～10min；

（3）将浸泡后的铜及其合金取出水洗干净，进行下一步操作。

产品特性 本产品提供的技术方案具有简单易行、洗净率高、残留少、可反复多次使用、高效的特点。

配方66 涂装前处理清洁生产除油剂

原料配比

原料	配比（质量份）		
	1#	2#	3#
氢氧化钠	5	4	4.5
焦磷酸钠	4	5	4.5
碳酸钠	10	8	9
硅酸钠	15	18	13
磷酸钠	80	70	90
表面活性剂	12	15	14
水	加至1000		

制备方法 将各组分原料混合均匀即可。

产品应用 本品主要是一种涂装前处理清洁生产用除油剂。使用时，当除油温度在20℃时，处理时间为10min，当除油温度在10～20℃时，处理时间为30min。

产品特性 本产品的除油剂是利用在金属、油和除油溶液的交界处，存在着油与除油溶液、油与金属及除油溶液与金属三个表面张力，只有在接触角由钝角变成锐角的情况下才能把油挤掉。这时除油剂沿着油与金属界面进行渗透，取代金属表面上的油污，迫使油污被"卷离"或"置换"，被"置换"的油污立即上浮至液面，与溶液不相溶，乳化极少，因此本产品除油剂可在常温下除油。

配方67 脱脂除油洗涤剂

原料配比

原料	配比（质量份）		
	1#	2#	3#
季戊四醇	5.2	4.3	6.2
二丙二醇单乙醚	6.3	5.1	7.3
椰油酰胺丙基氧化胺	4.3	3.4	5.3

续表

原料	配比（质量份）		
	1#	2#	3#
磷酸	5.5	4.4	7.5
十二烷基二甲基苄基氯化铵	8.4	7.3	10.4
表面活性剂	3.2	2.3	4.2
乙醇胺和三乙醇胺混合物	4.4	3.7	5.4

制备方法　将各组分原料混合均匀即可。

产品应用　本品是一种脱脂除油洗涤剂。

产品特性　本产品属浓缩型产品，可低浓度稀释使用；各成分经有效组合，产生了极好的协同增强作用，具有良好的脱脂除油、防锈效果；安全性能好，不污染环境；节约能源，洗涤成本低；洗涤过程对金属设备无损伤，洗后对金属设备不腐蚀。

配方 68　无磷除油粉

原料配比

原料		配比（质量份）	
		1#	2#
氢氧化钠		10~30	20~25
碳酸钠		10~20	15~18
次氮基三乙酸三钠		2~15	8~10
$C_2 \sim C_8$ 羧酸		2~15	5~10
柠檬酸钠		1~5	2~4
葡萄糖酸钠		1~5	1~3
硫酸钠		5~10	3~5
表面活性剂		2~20	5~18
表面活性剂	非离子表面活性剂	60	60
	阴离子表面活性剂	30	30
	渗透剂	5	5
	润湿剂	5	5

制备方法　将各组分原料混合均匀即可。

产品应用　本品是一种无磷除油粉，使用浓度为 45~55g/L，浸泡时间为 1~5min，清洗时间为 1~5min，温度为 50~70℃。

产品特性　本产品不含磷，不会导致对水体的污染，对环境友好，除油效果优良。本产品处理后废水易于处理，除油效果好，且除油速度快。

配方69　无磷环保金属除油剂

原料配比

原料		配比（质量份）				
		1#	2#	3#	4#	5#
去油剂	纯碱	30	—	35	40	—
	烧碱	—	50	—	—	45
消泡剂	硅乳	0.5	1.5	0.8	1	1.2
配位剂	柠檬酸钠	67.5	—	—	51	—
	硫酸钠	—	—	59.2	—	—
	脂肪醇聚氧乙烯醚	—	33.5	—	—	41.6
起泡剂	十二烷基硫酸钠	1	10	3	5	8
表面活性剂	有机硅酸盐	1	—	—	3	—
	烷基酚聚氧乙烯醚	—	5	2	—	4

制备方法　先将去油剂、消泡剂和配位剂混合均匀，再加入起泡剂和表面活性剂，搅拌至完全均匀，即得粉状无磷环保金属除油剂。

原料介绍　表面活性剂起到分散和悬浮污垢并阻止污垢再沉积的作用；去油剂起到皂化催化作用，提高温度，加快溶解速度，更快去除油污；配位剂无毒性，具有 pH 调节性能及良好的稳定性，防止产品结固，并起到乳化和防腐作用。无磷环保金属除油剂产生的效果从分散到乳化再到皂化，最后络合，实现对黑色金属表面的油污清洗及防腐功能。

产品应用　本品是一种对黑色金属表面的油污清洗效果好的无磷环保金属除油剂，使用方法如下。

（1）洗液配制：把无磷环保金属除油剂加入温度为 30～70℃的清水中，搅拌至完全溶解，所得溶液浓度为 5%～8%，pH≥12，然后转入滚式清洗槽内。

（2）把待洗的金属装入洗槽内，上盖密封。

（3）开启滚式清洗槽的电源进行洗涤，按顺时针和逆时针两方向转动，洗涤时间为 15～35min。

（4）过清水，排去废液，加清水到槽内体积的 2/3，封盖，清洗时间为 10～20min。

产品特性

（1）除油剂中选用配位剂和表面活性剂配合使用，能够大大减缓对黑色金属工件的腐蚀速度，在清洗掉油污的同时还保证了较好的表面状态。

（2）除油剂中加入的表面活性剂，有部分活化和防锈功能，能够降低其表面张力，增强渗透性，提高对黑色金属工件的清洗效果。

（3）除油剂中的化学剂不含磷，不污染环境，不易燃烧，属于非破坏臭氧层物质，清洗后的废液便于排放处理，能够满足环保三废排放要求。

（4）制备工艺简单，成本低，操作方便，使用安全可靠。

配方 70 锌合金镀前处理的除油溶液、活化溶液

原料配比

原料		配比（质量份）		
		1#	2#	3#
除油溶液	乙酸钠	16	18	20
	碳酸氢钠	21	25	30
	三聚磷酸钠	15	16	20
	硅酸钠	20	25	30
	十二烷基硫酸钠	2.5	—	4.2
	十二烷基苯磺酸钠	—	2.5	—
	椰油酸二乙醇酰胺	0.5	—	—
	脂肪醇聚氧乙烯醚	—	0.5	—
	月桂酸二乙醇酰胺	—	—	0.7
	水	加至1000		
活化溶液	柠檬酸	40	40	45
	乙酸	10	10	12
	硼酸	5	8	8
	水	加至1000		

制备方法 将各组分原料混合均匀即可。

产品应用 本品是一种锌合金镀前处理的除油溶液、活化溶液。

锌合金的镀前处理工艺，包括以下步骤：

（1）将锌合金进行除蜡。所述除蜡为超声波除蜡，采用环保型除蜡水对锌合金进行除蜡。所述超声波的频率优选为 40～50kHz，所述超声波功率为 250～300W，所述除蜡的温度优选为 70～80℃，时间为 2～5min。为了使锌合金压铸件的镀前处理具有较高的环保性，所述除蜡水优选为 30～40g/L 的环保型除蜡水 ZY-382。作为优选方案，所述锌合金压铸件超声波除蜡后，将超声波除蜡的锌合金压铸件在清水中冲洗两次。

（2）将除蜡后的锌合金进行除油，除油温度为 50～70℃，时间为 1～2min，电流密度为 3～4A/dm^2。除油后，将电解除油后的锌合金压铸件在清水中冲洗两次。

（3）将电解除油后的锌合金进行活化，活化温度为 20～30℃，时间为 10～30s。活化后，将活化后的锌合金压铸件在清水中冲洗两次。

产品特性　本产品的镀前处理工艺，依次进行了除蜡、除油与活化的操作，通过对上述操作中的溶液的选择，既能彻底去除镀件基体表面的蜡质、油污及氧化膜、活化基体，又避免了镀件的过腐蚀，并且溶液选择的都是近中性溶剂，从而使操作环境、污水排放等方面达到环保要求，且电镀过程中镀层表面起泡率极低。

配方 71　防腐除锈除油剂

原料配比

原料	配比（质量份）		
	1#	2#	3#
水	95	96	94
磷酸三钠	2	1.5	2.5
95% 乙醇	1.0（体积份）	1.5（体积份）	0.5（体积份）
十八胺	0.8	1.5	2.2
氢氧化钠	0.5	0.35	0.2
三聚磷酸钠	0.6	0.4	0.2

制备方法　将原料在常温下混合即可。

产品应用　本品主要用于机组给水系统除锈除油防腐。使用时，将原料在常温下混合即可。

产品特性　本产品优点是药品溶解性好，常温下可配，无须专门的设备，现场操作简单，一次性操作可以保证 150 天内不生锈，除锈率达 97%～99%，防腐效果好。

配方 72　压铸铝合金电镀前除油处理液

原料配比

原料	配比（质量份）		
	1#	2#	3#
碳酸钠	8	10	9
磷酸钠	5	3	4
β-萘酚聚氧乙烯醚	4	6	5

续表

原料	配比（质量份）		
	1#	2#	3#
氢氧化钠	7	5	6
硅酸钾	4	6	4
膨润土	7	5	6
石灰	2	3	2.5
十二烷基苯磺酸钠	3	1	2
月桂酸二乙醇酰胺	1.5	2.5	2
水	加至 100		

制备方法 在反应釜中放入适量水，依次加入碳酸钠、磷酸钠、氢氧化钠、硅酸钾、膨润土和石灰，使其溶解，并搅拌 10～20min；降温至室温，加入 β-萘酚聚氧乙烯醚、十二烷基苯磺酸钠和月桂酸二乙醇酰胺，搅拌 40～60min，然后加入剩余的水定容并搅拌均匀即可。

产品应用 本品是一种压铸铝合金电镀前除油处理液。

产品特性 本产品具有良好的润湿性、渗透性和乳化性，脱脂能力强，能防止油污的再吸附，溶液稳定，pH 值变化小，脱脂溶液的油污负载量大，可以长期连续使用。本产品还能够活化基体表面，并且对环境友好。

配方73 用于不锈钢的除油剂

原料配比

原料	配比（质量份）			
	1#	2#	3#	4#
壬基酚聚氧乙烯醚（TX-10）	4	7	5	10
OP-10	1	2	1	3
脂肪醇聚氧乙烯醚（AEO-9）	4	7	5	10
分散剂 IW	5	7	5	10
氢氧化钠	10	14	12	18
碳酸钠	1	2	2	4
磷酸钠	2	3	3	5
消泡剂	4	6	5	8
水	加至 100			

制备方法

（1）按上述配比分别取各组分，在罐中加入适量水，然后加入氢氧化钠，搅拌。

（2）往罐中加入壬基酚聚氧乙烯醚，搅拌 20～40min。

（3）依次加入 OP－10、脂肪醇聚氧乙烯醚和分散剂 IW，搅拌 50～80min。

（4）加入碳酸钠和磷酸钠，搅拌至罐中无沉淀物。

（5）加入消泡剂，搅拌，加入余量的水。

产品应用　本品主要用作不锈钢的除油剂。

产品特性　本产品除油干净彻底，清洗效力强。在清洗干净相同的不锈钢工件的情况下，本产品可使清洗时间减少 60%，用量减少 30%。使用厂家在同样的时间内清洗产量增加，节能省工，大大提高了生产效率。本产品的生产方法简单易行、节能高效。

配方74　用于处理金属表面的高效除油除锈液

原料配比

原料	配比（质量份）	
	1#	2#
磷酸	30	35
乙酸	20	25
苯磺酸	15	20
丙烯酸	10	12
氯酸	10	15
碳酸	8	10
氨水	5	8
氢氧化铁	3	5
氢氧化钠	3	6
磷酸二氢钾	6	8
六偏磷酸钠	5	6
三聚磷酸钠	6	8
二氧化硅	7	8
硅酸钙	3	5
硫代乙酰胺	4	6
尿素	2	3
脂肪醇聚氧乙烯醚	3	5
椰子油脂肪酸二乙醇酰胺	5	6
草酸	8	10
氯化钠	5	6
聚乙二醇	6	10
水	55	60

制备方法 将各组分原料混合均匀即可。

产品应用 本品是用于处理金属表面的高效除油除锈液。

产品特性 本产品除锈效果好，除锈速度快，价格低廉，使用方便安全且没有环境污染，对人体和金属无刺激或损害，无毒，无挥发，在使用中耗量少，成本低，只需在常温下浸泡，油迹和锈迹即可自动脱落。

配方75 用于电镀行业的镀铜层清洗除油剂

原料配比

原料		配比（质量份）				
		1#	2#	3#	4#	5#
碳酸钠		10	10	15	12	10
偏硅酸钠		20	23	25	20	20
磷酸三钠		20	25	25	20	22
元明粉		12	10	12	10	10
阴离子表面活性剂	十二烷基磺酸钠	6	—	—	5	—
	十二烷基硫酸钠	—	5	—	—	—
	烷基醇聚醚磺基琥珀酸单酯钠盐	—	—	8	—	5
非离子表面活性剂	烷基酚聚氧乙烯醚	4	—	5	—	—
	脂肪醇聚氧乙烯醚	—	3	—	3	3
磨料	1000目的三氧化二铝	—	—	—	—	30
	600目的三氧化二铝	28	—	—	—	—
	800目的碳化硅	—	24	—	—	—
	600目的碳化硅	—	—	—	30	—
	1000目的棕刚玉	—	—	10	—	—

制备方法

（1）分别将各固体原料过20目振动筛；

（2）按上述配比分别称取碳酸钠、偏硅酸钠、磷酸三钠和元明粉，全部倒入卧式混合机混合5min；

（3）按比例加入阴离子表面活性剂和非离子表面活性剂，混合10min；

（4）加入磨料，混合10min即可。

产品应用 本品主要用作电镀行业的镀铜层清洗除油剂。

产品特性　本产品使用方便，不但可以快速去除镀铬前铜层表面的油脂、残留的抛光膏、灰尘、手印等污物，还对镀铜层有一定粗化功能，去除铜层表面的氧化层，提高了铜层与后续镀铬层的结合力，解决铬层局部腐蚀等问题，减少返工，提高版辊印刷质量和使用寿命。

配方76　用于钢铁基体化学镀铜的除油清洗防锈液

原料配比

原料		配比（质量份）		
		1#	2#	3#
氢氧化钠		5	3	4
碳酸钠		0.5	0.9	0.7
偏硅酸钠		4	7	5
二乙醇胺硼酸酯		14	10	12
癸二酸三乙醇胺盐		5	7	6
二乙二醇丁醚		0.3	1	0.6
聚合磷酸盐	六聚磷酸钠	6	—	—
	三聚磷酸钠	—	3	—
	四聚磷酸钠	—	—	4
表面活性剂	烷基酚聚氧乙烯醚	7	—	—
	脂肪酸酰胺	—	5	—
	脂肪醇聚氧乙烯醚	6	—	15
	烷基糖苷	—	11	—
水		加至100		

制备方法　在搅拌的条件下，向水中徐徐加入氢氧化钠，再依次将各组分加入水中，继续搅拌待各组分溶解后，停止搅拌，过滤即可得用于钢铁基体化学镀铜的除油清洗防锈液产品。

产品应用　本品主要用作钢铁基体化学镀铜的除油清洗防锈液。将上述配比好的除油清洗防锈液用水稀释10～20倍后，供钢铁基体除油清洗使用。

产品特性　本产品利用氢氧化钠进行皂化反应，碳酸钠和偏硅酸钠及聚合磷酸盐起到碱性缓冲作用；聚合磷酸盐、二乙醇胺硼酸酯和癸二酸三乙醇胺盐复配起到防锈缓蚀作用；表面活性剂作为乳化剂对油进行乳化，降低表面张力，容易对油污层进行渗透和润湿，加速除油和清洗灰尘及汗渍等杂物。

配方 77　用于金属和非金属表面的除油剂

原料配比

原料		配比（质量份）						
		1#	2#	3#	4#	5#	6#	7#
乳化剂	OP－15	500	—	—	—	—	—	—
	OP－20	—	100	—	—	—	—	550
	OP－30	—	—	600	—	—	450	—
	OP－40	—	—	—	400	—	—	—
	OP－15	—	—	—	—	600	—	—
表面活性剂	十二烷基苯磺酸	70	—	150	—	80	—	65
	硬脂酸	—	20	—	60	—	75	—
氢氧化钠		38	20	60	30	50	40	45
氯化钠		50	10	100	40	60	45	55
渗透剂	JFC	12	—	—	—	—	—	—
	JFC－1	—	5	—	—	—	13	—
	JFC－2	—	—	15	—	15	—	—
	JFC－E	—	—	—	10	—	—	17
水		加至1000						

制备方法

（1）在反应釜中加入表面活性剂，在搅拌下加入质量分数为30%的氢氧化钠水溶液，调pH值为7即可；

（2）在另一个容器中加入适量水，再加入氯化钠，搅拌使其完全溶解；

（3）在另一反应釜中加入乳化剂，开启搅拌，加入适量水，再加入渗透剂，搅拌使其完全溶解；

（4）将步骤（1）、步骤（2）和步骤（3）所得物料混合，加水至全量，搅拌均匀，即得。

产品应用　本品主要用作金属和非金属表面的除油剂。应用方法：将5～10mL上述用于金属和非金属表面除油剂加入1000mL水中，然后加入硫脲5～10g搅拌均匀，加热至50～80℃，将待清除的工件加入上述溶液中浸泡5～15min，取出即可。

产品特性　本产品生产成本低，操作简便，用户使用更方便，该除油工艺对工件基体无损伤，使用范围广。

配方 78　用于金属件表面除油、除锈的清洗溶液

原料配比

原料		配比（质量份）
水		80
苦参碱		5
茶叶生物碱		5
酒石酸		5
羟基乙酸		5
尿素		5
羟丙基-β-环糊精		5
十八醇		5
石墨烯		5
改性剂		5
改性剂	稀土	10
	氧化铝微粉	2
	碳纤维	2
	硬脂酸	3
	石墨烯	2
	腐植酸	0.5
	玉米淀粉	5
	松香皂	2
	木素磺酸钠	1.5
	二氧化钛	1.5

制备方法　配制时将各组分一同送入反应容器中，在 80～90℃ 环境下搅拌 30min 即可。

原料介绍　上述改性剂的制备工艺如下：

（1）将稀土、氧化铝微粉及二氧化钛以无水乙醇为分散介质，其中物料与乙醇的质量比为 1∶15，在超声清洗机上超声分散 1h；

（2）把经超声分散的混合料放入尼龙球磨罐中，再加入硬脂酸、碳纤维、石墨烯及木素磺酸钠，以玛瑙球为磨球，球料质量比为 7∶1，在转速为 150r/min 的条件下，连续球磨 2h；

（3）将球磨完毕的粉料连同玛瑙磨球一起倒入粉料盘中，在 80℃ 下烘干，把烘干的粉料过筛，取出玛瑙磨球，进行研磨，直至无较大团聚为止，至此，

混合粉料的制备完毕；

（4）将步骤（3）中的混合物料与腐植酸、玉米淀粉及松香皂混合均匀，在 50~70℃环境下低温烘烤 2~3h，取出，研成粉，过 90 目筛即可。

产品应用 本品主要用于金属件表面除油、除锈的清洗溶液。

产品特性 本产品成本低，配制方法简单，安全环保，对油污较多、有锈迹的金属件清洗效果好，产品质量能够得到保证。

配方 79 用于永磁材料的除油剂

原料配比

原料	配比（质量份）									
	1#	2#	3#	4#	5#	6#	7#	8#	9#	10#
氢氧化钠	50	50	100	50	15	50	15	150	300	200
碳酸钠	150	150	150	150	15	100	15	150	200	—
磷酸三钠	—	200	—	—	—	—	—	—	—	200
三聚磷酸钠	—	—	50	—	—	50	—	—	—	—
焦磷酸钠	—	—	—	200	10	100	100	100	—	—
六聚磷酸钠	—	—	—	100	10	50	—	50	—	—
亚甲基二膦酸（MDP）	50	—	—	—	—	—	50	—	—	—
1-羟基亚乙基-1,1-二膦酸（HEDP）	—	100	—	—	—	—	—	50	—	—
氨基三亚甲基膦酸（ATMP）	—	—	—	100	5	50	100	—	—	100
乙二胺四亚甲基膦酸（EDTMP）	—	—	100	—	—	—	—	50	100	—
曲拉通	50	30	40	40	4	40	40	40	—	—
AEO	—	—	—	—	—	—	—	—	40	40
水	加至 10L									

制备方法 将各组分原料混合均匀即可。

产品应用 本品是用于永磁材料的除油剂。所述除油剂的工作 pH 值为 7.5~9.0。所述除油剂的工作温度是 30~60℃。

产品特性

（1）本产品具有良好的润湿性、渗透性和乳化性，除油速度快，能防止油污再吸附，并且具有较大的油污负载量，使用寿命长。

（2）本产品能在弱碱性的环境（pH 值为 7.5~9）和较低的温度下彻底地

去除永磁材料中的油污，这样避免了碱性太强时使用化学试剂而对钕铁硼永磁材料的多相体系产生很强的腐蚀性，同时因使用了非离子表面活性剂，其在脱脂除油过程中只产生少量的泡沫，水洗性能优越，能够软化水，也能防止永磁材料在脱脂除油过程中被腐蚀。

配方80　用于永磁材料的水溶性无磷除油剂

原料配比

原料	配比（质量份）							
	1#	2#	3#	4#	5#	6#	7#	8#
氢氧化钠	5	10	10	5	15	5	15	15
碳酸钠	15	15	15	15	15	10	15	15
葡萄糖酸钠	20	5	5	20	20	20	10	10
聚丙烯酸PAA	15	10	10	—	10	10	10	5
丙烯酸和丙烯酰胺共聚物DEA	—	—	—	10	5	5	5	5
聚乙二醇辛基苯基醚或十二烷基聚氧乙烯（9）醚（AEO）	3	4	4	4	4	4	4	4
水	加至1000							

制备方法　将各组分原料混合均匀即可。

原料介绍　所述除油剂含有碱、清洗助剂和表面活性剂，所述碱为氢氧化钠、碳酸钠、葡萄糖酸钠中的两种或几种，所述清洗助剂可为聚丙烯酸聚合物，例如，聚丙烯酸（PAA）高分子助洗剂及其衍生物，所述表面活性剂为低泡非离子表面活性剂。其中，所述清洗助剂为水溶性聚电解质高分子化合物。

所述聚丙烯酸聚合物选自聚丙烯酸（PAA）、丙烯酸和丙烯酰胺共聚物（DEA）中的至少一种。

所述表面活性剂为聚乙二醇辛基苯基醚或十二烷基聚氧乙烯（9）醚（AEO）。

产品应用　本品主要用作永磁材料的水溶性无磷除油剂，使用温度为30~60℃。

产品特性

（1）本产品具有中性、无磷环保、温度低的特点，具有良好的润湿性、渗透性和乳化性，去油能力强，能防止油污再吸附，溶液稳定，脱脂溶液的油污负载量大，能长期使用。同时，由于使用非离子表面活性剂泡沫少，水洗性能优越，能够软化水，防止永磁材料在除油粉中进行腐蚀。

（2）本产品处理效率高，所需时间短，pH呈中性。

配方 81　长寿命的水基除油防锈清洗剂

原料配比

原料制备：

原料		配比（质量份）			
		1#	2#	3#	4#
非离子表面活性剂复配物	JFC－5.0	4	4	5	5
	XL－80	5	5	5	5
	MOA3	3	4	5	6
	AEO－5	3	4	5	6
	AEO－7	6	7	8	9
	AEO－9	1	2	3	4
	AEO－10	4	3	2	1
	E－1306	3	6	9	12
	E－1307	8	6	4	2
	E－1308	10	10	10	10
	油醇（5）醚	1	2	3	4
	油醇（8）醚	3	4	5	6
	油醇（10）醚	9	8	7	6
	平平加 O－20	2	2	1	0
	吐温－20	5	8	5	2
	吐温－80	4	5	5	8
缓蚀防锈复合剂	癸二酸二酰胺	6	5	6	5
	月桂酸二乙醇酰胺	6	5	6	5
	油酸三乙醇酰胺	1	2	1	2
	丙氨酸	2	2	2	2
	苯甲酸氨基乙酸	2	2	2	2
	苯并三氮唑	0.5	1	1.5	1
	苯并咪唑	0.5	1	0.5	1
	邻二氮菲	2	2	2	2

续表

原料		配比（质量份）			
		1#	2#	3#	4#
助溶剂复配物	二乙二醇单丁醚	2	1	2	1
	二丙二醇单丁醚	1	1	1	1
	二乙二醇己醚	1	2	1	2
	200SN 中性基础油	1	1	1	1

产品制备：

原料	配比（质量份）		
	1#	2#	3#
非离子表面活性剂复配物	65~88	75~85	80~85
缓蚀防锈复合剂	12~25	15~22	18~20
助溶剂复配物	0~10	0~8	0~5

制备方法　先按照上述配比依次称取表面活性剂组分，在常温下进行混合、搅拌复合均匀，形成非离子表面活性剂；再依次称取缓蚀防锈剂组分，混合后，慢慢加热至 50~60℃，保持搅拌热合 30~60min，形成缓蚀防锈复配物；再依次称取助溶剂组分，常温搅拌混合均匀即可形成助溶复合剂；将上述复合剂常温混合均匀，搅拌至透明，即为长寿命水基清洗剂成品。

产品应用　本品主要用于铁、铝、铜、锌及其合金的清洗与防锈。

产品特性

（1）本产品采用表面活性剂的乳化、分散、增溶特性，优化其配伍效应，确定合理的复合剂亲水亲油平衡值（HLB），实现复合表面活性剂最佳乳化分散效能发挥，达到长寿命效果。

（2）本产品生产工艺简单，不需要特殊设备，仅需要将配方原料在常温下依次进行混合，搅拌均匀，即为清洗剂成品。

（3）本产品可用去离子水稀释至质量分数为 3%~5% 的水溶液，可通过各种方法使用，如浸渍方法、超声波清洗方法、振动方法、喷雾方法或类似方法，以得到所需要的结果。按清洗温度 35~80℃、清洗时间 0.5~3min、超声波功率 28~48kHz 进行脱脂清洗、喷淋、刷洗或采用这些方法的组合方法进行清洗。

（4）本产品的清洗剂能够通过只添加、不换槽的方式，增加清洗剂的使用寿命，延长换槽周期，减少废水排放，节约水、电、热、人工及废水处理等多项费用，提高清洗效率，清洗后的废液便于处理排放，符合环境保护要求。

（5）不含有氟化物、磷酸盐、亚硝酸盐，pH 呈中性，生物降解性好，对环境友好。

配方 82　中性除油除锈剂

原料配比

原料		配比（质量份）		
		1#	2#	3#
物理分散剂	油酸聚乙二醇酯	5	6	4
化学螯合剂	EDTA 二钠	3	4	4
	柠檬酸三钠	3	—	2
	酒石酸	—	—	2
	焦磷酸钠	3	2	1
	羟基乙酸	—	2	1
除油乳化剂	非离子表面活性剂　壬基酚聚氧乙烯醚	2	1	1
	脂肪醇聚氧乙烯醚	1	1	1
	辛基酚聚氧乙烯醚	—	—	1
	椰子油脂肪酸二乙醇酰胺	—	2	1
	阴离子表面活性剂　十二烷基苯磺酸钠	0.5	0.5	0.5
	脂肪醇聚氧乙烯醚硫酸钠	1	—	—
缓蚀剂	硫脲	1.5	1.5	1.5
	六亚甲基四胺	1.5	1.5	1.5
水		加至100		

制备方法

（1）按上述配比要求准备各组分；

（2）在常温下，按配比要求称取所述化学螯合剂中的组成成分，将该组成分置于容器中，逐步加入水充分搅拌至均匀，得溶液 A；

（3）将准备的所述物理分散剂与缓蚀剂加入溶液 A 中溶解，搅拌至澄清透明得溶液 B；

（4）另取容器加入准备好的所述除油乳化剂成分，缓慢加水溶解，可边搅拌边加入功能性助剂，得溶液 C；

（5）在搅拌条件下，将溶液 B 与溶液 C 混合均匀，即得到中性除油除锈剂。

产品应用　本品是一种中性除油除锈剂。

产品特性

（1）本产品以物理分散与化学螯合的复合除锈作为基本理念，根据溶液的基本性质和除锈所需特性，从而优选出与溶液匹配度高且具有较好分散效果的除锈物理分散剂——油酸聚乙二醇酯。另外，本产品中还特别将产品中各组分的质量比例控制在10%以内，这样既保证了除油除锈的效率和质量，同时防止出现不溶、沉淀和分层等现象，大大提高中性除油除锈剂的性价比。

（2）本产品在兼具良好相溶性的同时，更适应中性环境下的除油。

（3）本产品可一步完成除油除锈，其除锈效率高，除油效果好，能极大地减少反应物及生成物的污染，可使精细工件、管道或承重钢件的清洗处理变得简单容易，避免"氢脆"现象发生。

（4）本产品制备工艺简单，配制容易，原料易得，成本低，能够在较短时间、近中性的溶液中进行高效彻底的除油除锈工作，且对基体无损伤，具有较强的工业实用性和经济性，在精细工件、连接件、承重工件预处理以及发黑、磷化和喷漆前处理等多个领域具有广阔的应用前景。

配方83　中性除油除锈清洗剂

原料配比

原料		配比（质量份）		
		1#	2#	3#
聚合物	水解聚马来酸酐 HPMA	100	50	—
	聚丙烯酸钠 PAAS	—	100	25
螯合剂	HEDP	25	—	150
	氨基三亚甲基膦酸 ATMP	—	25	—
	乙二胺四亚甲基膦酸 EDTMP	—	15	—
	EDTA	—	—	5
无机盐	NaHCO$_3$	—	40	—
	碳酸钠	25	—	—
	NaOH	—	10	45
表面活性剂	表面活性剂 AS	10	5	—
	表面活性剂 LAS	—	—	5
硫脲		0.5	4	0.4
水		加至100		

制备方法　按照上述配例，先将无机盐组分溶解于水中，然后用水冷却，控制溶液温度不高于40℃的条件下，加入螯合剂组分，使之溶解完全后再依次加入聚合物组分、表面活性剂和硫脲，通过搅拌至溶液均相，即完成配制。

产品应用　本品主要是一种中性的除油除锈清洗剂。应用于管道、线材、板材、钢制设备和成套装置在投产前的表面除油除锈清洗。

采用本产品清洗时，根据被清洗件的构造和表面锈蚀程度、油污覆盖情况，可以采用浸泡、涂刷、循环等不同的清洗工艺。

一般在循环清洗情况下，中性除油除锈清洗剂使用浓度以质量分数计为清洗液总量的 6%～40%，使用温度为 10～80℃，最佳使用温度为 30～60℃，清洗时间 6～18h。

产品特性

（1）除锈彻底，螯合除锈均匀，不产生大锈片剥离，不会造成系统狭缝和毛细管堵塞现象。除锈完成后，无须漂洗直接钝化而不影响钝化膜质量。

（2）无毒、无味、不燃不爆，清洗液 pH=6～8，对设备腐蚀性很小，扩大了清洗范围，对钢、铜、铝、不锈钢及其他金属和组合件均有良好的缓蚀作用。

（3）本产品不含强酸、重金属离子，废液简易处理后即可达到排放标准。

配方 84　中性去油除锈清洗剂

原料配比

原料	配比（质量份）	
	1#	2#
丙烯酸	10	15
甲基丙烯酸甲酯	15	18
苯乙烯	10	15
环氧乙烷	12	15
氨基三亚甲基膦酸	5	10
羟基亚乙基二膦酸	3	5
氢氧化铁	3	8
苯甲酸钠	5	10
三乙醇胺	5	8
碳酸氢钠	10	15
碳酸钾	12	15
烷基苯磺酸钠	15	20
脂肪醇聚氧乙烯醚	8	12
磷酸三钠	10	15
尿素	12	20
柠檬酸	10	15
水	100	150

制备方法　将各组分原料混合均匀即可。

产品应用　本品是一种中性去油除锈清洗剂。

产品特性　本产品呈中性，对各种材质的设备的腐蚀性也比较小，扩大了其应用范围，同时其储存的稳定性较好。

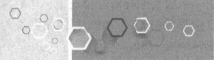
配方1 安全环保水乳型转鼓脱脂剂

原料配比

原料		配比（质量份）							
		1#	2#	3#	4#	5#	6#	7#	8#
乳化剂	脂肪醇聚氧乙烯醚（AEO-9）	5	10	10	12	—	—	6	9
	脂肪醇聚氧乙烯醚（AEO-7）	4	5	—	—	10	6	8	6
	椰油酸二乙醇酰胺	—	—	8	8	5	6	5	4
	十二烷基酰胺丙基甜菜碱	5	6	—	6	6	15	15	15
稳定剂	1,2-丙二醇	2	4	4	2	—	3	—	4
	十六醇	—	—	—	—	2	—	5	—
溶剂油	石油溶剂油（D60）	25	40	—	—	—	—	—	40
	无味松节油	—	—	20	30	—	30	—	—
	十二烷烃	—	—	—	—	25	—	35	—
水		45	50	80	60	30	45	50	65

制备方法

（1）将所述份数的乳化剂、稳定剂及溶剂油依次加入反应器中，加热至50~60℃，搅拌均匀；

（2）边搅拌边加入所述份数的水，并继续恒温搅拌40~45min；

（3）将温度降至30~40℃，再搅拌15~20min，冷却到室温，静置后出料，得白色乳状液体产品即为安全环保水乳型转鼓脱脂剂。

原料介绍 乳化剂的选择对乳液的稳定性有直接影响，为了得到稳定的乳状液，需要选择能乳化溶剂油且生物降解性好的表面活性剂作为乳化剂。所以，选择脂肪醇聚氧乙烯醚（AEO-9、AEO-7）、十二烷基酰胺丙基甜菜碱、椰油酸二乙醇酰胺中的任意一种或多种的混合物作为本方案中的乳化剂。溶剂油的选择需要遵从的原则为：①溶解油脂能力强；②无刺激性气味；③安全环保、无毒、高闪点。所以，本产品选用环保型有机溶剂石油溶剂油（D60）、无味松节油、十二烷烃中的任意一种或多种的混合物。

产品应用 本品主要是一种安全环保水乳型转鼓脱脂剂。

产品特性

（1）采用生物可降解的表面活性剂脂肪醇聚氧乙烯醚和环保型有机溶剂作

为体系的洗净基料，并使用稳定剂以保证产品的稳定性。

（2）本产品采用乳化复配技术，将有机溶剂溶剂油和表面活性剂乳化剂以及水复配成水乳型脱脂剂，当亲油性有机溶剂在表面活性剂水溶液中以乳化状态存在时，两者发挥协同作用使清洗力得到更好发挥。同时，因为有机溶剂在单独存在的条件下不仅容易散发刺激性气体，而且易燃易爆，而在此状态下有机溶剂溶于表面活性剂水溶液中，能在比较安全和卫生的条件下使用，克服了单纯溶剂易燃易爆的缺点，也克服了单纯的水溶性脱脂剂粘毛不能干洗的缺点。

（3）产品可有效去除细皮油鞣后的油脂，脱脂能力强，使毛皮洁净滑爽。本品能替代四氯乙烯，安全环保，是一种环境友好型洗涤剂，无不愉快气味，使用方便。

配方 2　不锈钢、碳钢及石油化工管道的脱脂剂

原料配比

原料	配比（质量份）			
	1#	2#	3#	4#
氢氧化钠	10	15	10	12
葡萄糖酸钠	4	8	7	8
拉开粉	2	3	3	3
对苯甲磺酸	3	7	6.5	6.5
烷基糖苷 APG - 0810	5	8	5	10
水	76	59	68.5	60.5

制备方法　先将氢氧化钠溶于水中，然后将对苯甲磺酸、葡萄糖酸钠、烷基糖苷 APG - 0810、拉开粉溶于氢氧化钠溶液中，冷却至室温包装后，即成产品。

产品应用　本品主要用于不锈钢、碳钢及石油化工管道的脱脂剂。

实际使用时，将本脱脂剂直接喷到不锈钢或碳钢表面，或者将脱脂剂用水稀释 10 倍循环浸泡于石油管道及化工厂氧气（或氮气）管道，可使不锈钢、碳钢、石油管道及化工厂氧气（或氮气）管道表面的油脂脱除干净。

产品特性　本产品具有脱脂效率高、原料来源绿色环保、含碱度低、耐高温、耐硬水的优点。本脱脂剂内不含氯和重金属离子，不会对不锈钢、碳钢造成晶间腐蚀，也不会对环境造成污染，因而可大大降低对操作人员的身体危害。

配方3　不锈钢表面脱脂清洗增光坚膜的多功能维护剂

原料配比

原料	配比（质量份）
磷酸	25
烷基苯磺酸钠	13
丙酮	6.5
十二烷基苯磺酸钠	3.5
双十二烷基二甲基氯化铵	2.5
非离子表面活性剂	6.5
甲基硅油	7.5
二甲基硅油	1.5
脂肪酸醇酰胺	5
磷酸三甲酯	2.5
亚磷酸三丁基苯基酯	1.5
甲基丙烯酸甲酯	5
OP-22乳化稳定剂	3.5
香精	1.5

制备方法　将磷酸、烷基苯磺酸钠、丙酮、十二烷基苯磺酸钠及双十二烷基二甲基氯化铵按所选定的比例进行混合，然后在高度密封的搅拌容器里进行5~400min的均匀充分的搅拌，之后在15~40min的时间里缓和地加热至40~65℃备用；将非离子表面活性剂、甲基硅油、二甲基硅油、脂肪酸醇酰胺、磷酸三甲酯、亚磷酸三丁基苯基酯及甲基丙烯酸甲酯按所选定的比例进行混合，然后进入高度密封的搅拌容器里进行15~700min的均匀充分的搅拌，之后在15~70min的时间里缓和地加热至30~55℃备用；此时可将二者进行混合，然后进入高度密封的搅拌容器里进行25~300min的均匀充分的搅拌，待温度稳定在30~40℃之间即可获得半成品；此后可将上述OP-22乳化稳定剂及适量的香精按所选定的比例与半成品进行混合，然后进入高度密封的搅拌容器里进行5~400min的均匀充分的搅拌，最后可静置10~900min后，待温度稳定在常温的时候即可获得成品。

原料介绍　上述的磷酸、烷基苯磺酸钠及丙酮具有可以脱脂清洗不锈钢材质表面的各种有机污物、无机污物、灰尘及较黏稠的油脂污迹的功能；上述十二烷基苯磺酸钠及双十二烷基二甲基氯化铵具有可以脱脂清洗不锈钢材质制品表面的因静电聚集的微尘、酸性微粒子及碱性微粒子的功能。

上述非离子表面活性剂具有可以在不锈钢材质制品的表面起消除因静电聚集微尘的功能；上述甲基硅油、二甲基硅油及脂肪酸醇酰胺具有可以在不锈钢材质制品的表面形成一层润滑薄膜的功能，该润滑薄膜的厚度可以为50~5000nm；上述磷酸三甲酯及亚磷酸三丁基苯基酯具有可以在不锈钢材质制品的表面形成一层防发乌磷化薄膜的功能，该防发乌磷化薄膜的厚度可以为50~5000nm；上述甲基丙烯酸甲酯具有可以在不锈钢材质制品的表面形成一层拒水防霉薄膜的功能，该拒水防霉薄膜的厚度可以为50~5000nm。

上述OP-22乳化稳定剂具有可以使该多功能维护剂的各种成分保持稳定的功能。

产品应用 本品是一种不锈钢材质制品的表面脱脂清洗增光坚膜的多功能维护剂。

产品特性 本产品安全可靠、效果明显、应用广泛。

配方4 不锈钢管水性脱脂剂

原料配比

原料		配比（质量份）				
		1#	2#	3#	4#	5#
螯合剂	柠檬酸钠	—	15	—	20	—
	次氮基三乙酸钠	10	—	—	—	10
	乙二胺四乙酸四钠	—	—	10	—	—
无机助洗剂	磷酸三钠	10	—	—	—	—
	偏硅酸钠	—	15	—	20	—
	氢氧化钠	—	—	—	—	20
	碳酸钠	—	—	10	—	—
非离子表面活性剂	脂肪胺聚氧丙烯（10）醚	10	—	—	—	—
	烷基酚聚氧乙烯（7）醚	—	10	—	—	—
	脂肪醇聚氧乙烯（9）醚硫酸铵	—	—	8	—	—
	脂肪胺聚氧丙烯（6）醚	—	—	—	5	—
	脂肪胺聚氧丙烯（8）醚	—	—	—	—	15
两性离子表面活性剂	十二烷基二甲氨基乙酸甜菜碱	5	—	—	—	—
	四烷基二甲氨基乙酸甜菜碱	—	—	—	1	—
	八烷基二甲氨基乙酸甜菜碱	—	—	—	—	1
	月桂酰胺丙基甜菜碱	—	5	—	—	—
	椰油酰胺丙基甜菜碱	—	—	2	—	—
	水	65	55	70	54	54

制备方法 采用常规的混合搅拌方式进行制备。将螯合剂、无机助洗剂逐个加入适量的水中，溶解均匀后，缓慢加入非离子表面活性剂、两性离子表面

活性剂，边加边搅拌，最后加入剩余量的水，完全溶解均匀即可。

产品应用   本品主要用于不锈钢管在加工过程中黏附的轧制油的脱脂。

在正常的使用过程中，将本产品脱脂剂稀释 8~12 倍，优选稀释倍数为 10 倍，在常温或加热条件下使用均可，优选使用温度为 60~70℃，将待清洗不锈钢器件浸入本脱脂剂或将本脱脂剂注满待清洗不锈钢器件，通过浸泡、鼓泡、循环搅拌、超声波等方式清洗，一段时间后（通常为 5~10min），具体可以根据脱脂剂的使用浓度、温度和脱脂方式确定脱脂的时间，再用清水冲洗干净即可。

产品特性   本产品在不锈钢管的脱脂工艺中，可以有效取代目前广泛使用的酸洗和有机溶剂脱脂，具有安全环保、脱脂力强、使用寿命长、使用方便、成本低的优点。

（1）本脱脂剂使用的是金属清洗剂中普遍使用的碱盐和特殊的表面活性剂的组合，不含有毒溶剂，使用过程中没有溶剂挥发，对生产现场和操作人员基本无危害。同时配方中避免使用对水体有污染的磷酸盐和其他有毒物质，清洗废液经过污水处理后即可排放。

（2）对产品无腐蚀。对于钢管拉拔过程中使用的轧制油有极强的脱脂能力，脱脂率大于 98%，清洗后的工件表面无油珠残留，同时脱脂液对钢管表面无腐蚀。

（3）每吨脱脂液至少可以对 500t 不锈钢管表面的油污进行脱脂处理，并且可以维持较好的脱脂性能，避免了使用过程中的频繁添加和换液。

（4）本脱脂剂使用时仅需将不锈钢管产品浸泡到脱脂液中，在满足一定的使用条件下，就可以达到很好的脱脂效果，相对于有机溶剂脱脂，无昂贵的设备投资，使用方便，设备造价低。同时由于是稀释使用，相对于酸洗和有机溶剂直接使用来说，更加经济和节约。

配方 5   不锈钢清洗用脱脂剂

原料配比

原料	配比（质量份）		
	1#	2#	3#
磷酸	5	10	8
烷基苯磺酸钠	0.5	1	1.5
十二烷基苯磺酸钠	1	0.5	1.5
OP-10 乳化剂	1	0.5	1
缓蚀剂	—	—	3
JFC 净洗剂	—	0.5	0.5
水	加至 100	加至 100	加至 100

制备方法 将各组分原料混合均匀即可。

产品应用 本品是不锈钢表面的清洗脱脂处理剂。使用方法是将不锈钢管件浸泡或注满管线 2~4h 后，用去离子水冲洗。或采用喷淋清洗，将装置与喷淋器、不锈钢泵、回收槽、回流泵、控制阀、固定装置及连接管连接，进行喷淋，然后用脱盐水冲洗 1~2h 即可。

产品特性

（1）本产品采用的磷酸为工业纯，在酸性条件下和油污中的脂肪酸甘油酯发生皂化作用形成初生皂，使油污成为水溶性而被溶解去除，同时对不锈钢的表面有磷化作用，可以抑制腐蚀，使其表面有光泽不发乌。采用表面活性剂十二烷基苯磺酸钠、烷基苯磺酸钠可润湿不锈钢表面，进入不锈钢与污物连接的界面，使污物被拆开，或者使油脂类污物以球状聚集在不锈钢表面上，然后逐渐从不锈钢表面脱落，分散或悬浮成细小粒子，这种细小粒子在清洗剂的胶囊中溶解为溶液或吸附在胶囊表面，与水形成乳化液或分散液，而不至于凝集或吸附在不锈钢表面，影响清洗效果。

（2）本产品特别适用于不锈钢的材料、管线、容器等重要的化工设备的清洗脱脂。

（3）本产品受酸碱、软硬水、海水的影响较小，去脂能力强，清洗效果好。无毒、不易燃，因而有着广阔的应用前景。

（4）使用简单方便。

（5）可回收重复利用，减少污染，降低清洗成本。

配方 6 槽浸型钢铁常温脱脂剂

原料配比

原料	配比（质量份）
氢氧化钾	2.5
碳酸钾	43
柠檬酸钾	20
五水偏硅酸钾	6.5
三聚磷酸钠	9
浸泡脱脂专用表面活性剂	1~6
耐强碱浸泡脱脂专用表面活性剂	1~6
渗透剂 JFC	0.1~1
有机硅消泡剂	1~6

制备方法 开动搅拌机，将计算称量的固体原料氢氧化钾、碳酸钾、柠檬酸钾、五水偏硅酸钾、三聚磷酸钠依次徐徐加入搅拌机中，搅拌均匀后，再将

计算称量的液体原料浸泡脱脂专用表面活性剂、耐强碱浸泡脱脂专用表面活性剂、渗透剂 JFC、有机硅消泡剂依次细流徐徐加入已经搅拌均匀的粉料中，继续搅拌使上述液体原料与粉体原料充分混合均匀，放料包装。

原料介绍　上述浸泡脱脂专用表面活性剂、耐强碱浸泡脱脂专用表面活性剂是市售商品，牌号是 QYL‒10F、QYL‒60C。

产品应用　本品是一种成本低、操作简单、脱脂效果好的槽浸型钢铁常温脱脂剂。使用时，加水量为 5%（质量分数）配制工作液，浸泡时间 10~15min。

产品特性　本产品具有操作简单、省时省力、无须加热、节省电能、成本低等优点。

配方7　常温脱脂剂

原料配比

原料	配比（质量份）
磷酸三钠	7~9
三聚磷酸钠	1.5~2
偏硅酸钠	70~110
碳酸钠	35~40
柠檬酸钠	2~4
木质素磺酸钠	4~8
元明粉	20~42
氢氧化钠	20~30
水	30~32
聚醚	26~30
烷基酚聚氧乙烯醚	100~150
脂肪醇聚氧乙烯醚	10~25

制备方法　先将磷酸三钠、三聚磷酸钠、偏硅酸钠、碳酸钠、柠檬酸钠、木质素磺酸钠、元明粉准确称重，依次放入反应釜内并搅拌至分布均匀；然后将氢氧化钠、水、聚醚加入另一容器中，充分搅拌，降温到常温，再将烷基酚聚氧乙烯醚和脂肪醇聚氧乙烯醚依次加入反应釜中；最后将降温到常温的氢氧化钠、水、聚醚加入反应釜中，搅拌至分布均匀，最初的6h内每隔0.5h搅动一次，6h后每隔1h搅动一次，48h后经检验合格即可分装。所述搅动一次为连续搅拌10min。

原料介绍 磷酸三钠、三聚磷酸钠、偏硅酸钠、碳酸钠、柠檬酸钠、木质素磺酸钠和元明粉均为固体粉末，加入反应釜前先将其粉碎。

本产品中磷酸三钠纯度要求98%以上，三聚磷酸钠纯度要求98%以上，主要作用是防止油污再沉积；偏硅酸钠纯度要求96%以上，主要作用是增强乳化性能，防止油污再沉积；碳酸钠纯度要求96%以上，主要作用是缓冲碱度；元明粉纯度要求98%以上，冬季可以减少至20~30份；氢氧化钠要求纯度99%以上；水为软化水；聚醚纯度要求99.5%以上，主要作用是溶解蜡类物质；烷基酚聚氧乙烯醚纯度要求99.5%以上；脂肪醇聚氧乙烯醚纯度要求99.5%以上。

产品应用 本品主要是一种冬季也可以实现常温脱脂、脱脂时间短、净化程度高、不含有机磷的常温脱脂剂。

产品特性

（1）降低脱脂温度：众多中小型企业升温条件有限，迫切需要冬季也可以实现常温脱脂，但现有技术实现5℃左右不升温脱脂困难较大；本配方采用了多种成分的复配，优势互补，取长补短，可以实现5℃条件下正常脱脂的效果。

（2）缩短脱脂时间：随着温度的降低，为了让脱脂（除油）正常进行必须延长处理时间，本配方经过引入多种材料的复合效应，可以实现5℃条件下30min彻底脱脂，形成表面干净的效果。

（3）提高了处理面的干净程度，同时避免油污大量再沉积，可长时间生产出合格产品。

配方8 常温脱脂清洗剂

原料配比

原料	配比（质量份）
辛基酚聚氧乙烯醚	14.23~15.02
聚乙烯醇400	4.22~4.4
十八烷基二甲基氧化胺	6.4~6.5
不饱和脂肪酸	2.83~2.9
2-乙基己醇	0.66~0.79
三乙醇胺	5.33~5.47
2-氨基-2-甲基-1-丙醇	0.16~0.21
水	加至100

制备方法

（1）按上述配比称取原料。

（2）在常温下直接在容器内用水搅拌均匀即可。

产品应用 本品主要是一种常温脱脂剂。

产品特性 8℃以上不需要加热，不需要其他辅助设备，易于操作，利于环保。

配方 9　常温中性无磷脱脂剂

原料配比

原料	配比（质量份）						
	1#	2#	3#	4#	5#	6#	7#
脂肪酸甲酯乙氧基化物磺酸钠	80	100	120	140	110	110	100
辛基酚聚氧乙烯醚（OP-10）	20	50	30	50	60	50	40
异丙醇	20	40	70	60	80	60	50
丁基二甘醇	30	50	40	50	70	50	35
氯化钠	10	10	20	10	20	10	15
水	840	750	720	690	660	720	760

制备方法

（1）往反应釜中加入水；

（2）然后在反应釜中加入氯化钠，开启反应釜进行搅拌，搅拌时间 20~40min；

（3）往反应釜中分别加入两种复配表面活性剂，搅拌均匀并使溶液澄清，时间为 100~150min；

（4）往反应釜中加入异丙醇，搅拌均匀并使溶液澄清，时间为 50~70min；

（5）往反应釜中加入丁基二甘醇，搅拌均匀并使溶液澄清，时间为 50~70min；

（6）将产品进行理化指标检测，包装入库。

产品应用 本品是一种无磷脱脂剂。使用方法：（以配制 $1m^3$ 为例）在槽内盛 1/2 体积的水，加 50~200kg 脱脂剂，加水至总体积 $1m^3$，搅拌均匀即可。

槽液维护：工件在处理过程中，当出现脱脂除油效果不行时，应添加脱脂剂原液，一般补加量为 2%~5%。

产品特性

（1）本产品采用的醇类物质可以将金属上的油脂溶解，使得油脂快速脱离金属表面进入溶液里。本产品采用的乳化剂为表面活性物质，吸附在界面上，憎水基团向着金属基体，亲水基团向着溶液方向，使金属与溶液间界面张力降低，从而在流体动力等因素的作用下，油膜破裂变成细小的珠状，脱离金属表面，到溶液中形成乳浊液。

（2）本产品通过复配表面活性剂、复配有机醇得到的脱脂剂溶液中不含磷元素，没有环境污染；溶液为中性，对设备零损伤；使用温度低，节约能源；泡沫含量低，脱脂效果更好；并且制备方法简单，适合自制使用。

配方 10　除油脱脂剂

原料配比

原料	配比（质量份）
氢氧化钠	2.1
碳酸钠	0.6
元明粉	0.15
表面活性剂	0.01
磷酸	0.15
磷酸三钠	0.6
烷基酚聚氧丙烯醚磷酸酯	0.6
水	加至 100

制备方法　将上述比例的氢氧化钠、碳酸钠、元明粉、表面活性剂、磷酸、磷酸三钠、烷基酚聚氧丙烯醚磷酸酯加入一定量的水中，搅拌均匀即可得到本除油脱脂剂。

产品应用　本品是一种除油脱脂剂。

产品特性　本产品具有优良的渗透性、乳化性和清除油垢、积炭的能力，是一种绿色环保、无腐蚀、快速安全的除油清洗剂，使用范围和条件没有任何限制。而且在水中有极好的溶解性，使用简单方便，是一种安全环保的除油脱脂剂。

配方 11　铝合金板工件脱脂脱膜综合处理剂

原料配比

原料	配比（质量份）		
	1#	2#	3#
质量分数为98%的硫酸	10	25	18
质量分数为45%的氢氟酸	3	1	2
甲基磺酸	1	1.5	1.25

续表

原料	配比（质量份）		
	1#	2#	3#
质量分数为31%的盐酸	0.3	0.1	0.2
葡萄糖酸	1	1.5	1.25
JFC	1.0	0.5	0.8
浸泡脱脂专用表面活性剂	1	6	4
酸性脱脂除锈专用表面活性剂	6	1	3
消泡剂（MS-575）	0.1	1	0.5
水	加至100		

制备方法　先将计算称量的水加入耐酸反应釜中，启动搅拌器，控制转速60r/min，然后再把计算称量的硫酸、氢氟酸、盐酸、甲基磺酸、葡萄糖酸、JFC、浸泡脱脂专用表面活性剂、酸性脱脂除锈专用表面活性剂、消泡剂依次徐徐加入反应釜中，每加一种原料都要连续搅拌至少10min，加完全部原料继续搅拌至溶液呈透明液体。

原料介绍　其中浸泡脱脂专用表面活性剂、酸性脱脂除锈专用表面活性剂均为商品，牌号分别为Y-02、Y-50。

产品应用　本品是一种操作简单、脱脂脱膜效果好且可保证工件表面低粗糙度和尺寸精度的导弹尾翼铝合金板工件脱脂脱膜综合处理剂。使用时，将本产品按质量分数为5%~8%加水配制工作液。

产品特性　本产品完全改变了现有工艺，只需将工件在本品的处理剂中一次性浸泡60~90s，再经两道水洗后即可进行阳极氧化处理，替代了现有工艺中的预脱脂、脱脂、碱腐蚀、强酸光化处理等工序，操作简单，脱脂脱膜效果好，提高了生产效率，保证了工件表面光洁度和尺寸精度，满足了导弹尾翼铝合金板工件对于尺寸精度及表面光洁度的精密要求。

配方12　低碱无磷脱脂剂

原料配比

原料		配比（质量份）									
		1#	2#	3#	4#	5#	6#	7#	8#	9#	10#
表面活性剂	醇醚羧酸盐	1	2	3	—	—	—	0.2	1.5	—	2.5
	多羟基聚醚	0.5	1.5	—	3	2	—	—	0.6	0.2	1.2
	辛基苯基聚氧乙烯醚	2	—	—	—	1	3	0.5	0.2	2.5	0.8
无水硫酸钠		5	2	1	8	4	2	6	7	1.5	7.5

原料	配比（质量份）									
	1#	2#	3#	4#	5#	6#	7#	8#	9#	10#
葡萄糖酸钠	2	0.8	1.5	2.5	3.4	6	4	6	5.5	0.5
乙二胺四乙酸二钠	10	14	16	1.5	2.8	3.6	4.5	5	7.5	9
改性二硅酸钠	13.2	7.8	15	10.5	8	9.6	1	2.5	4.3	6.5

制备方法　将按上述配比称取的原料投入清洗槽中，搅匀即可使用。

产品应用　本品是一种低碱无磷脱脂剂。

产品特性　本产品具有良好的除油速度和清洗效果；适用温度低（20～48℃）而有利于节约能源；由于配方中的碱含量，使用时泡沫少而能防止碱雾腐蚀设备及对环境造成影响。

配方 13　低温脱脂清洗剂

原料配比

原料	配比（质量份）
氢氧化钠	25
次氯酸钠	3
表面活性剂	5
螯合助剂	0.1
抗菌剂	3
水	加至100

制备方法　将各组分原料混合均匀即可。

原料介绍　所述表面活性剂包括 NP 系列、脂肪酸甲酯乙氧基化物（FMEE）、异构十三碳醇乙氧基化合物和 RF 系列表面活性剂中的至少一种。

所述螯合助剂包括乙二胺四乙酸（EDTA）。

所述 RF 系列表面活性剂包括 RF-25-1 表面活性剂。

所述抗菌剂为三氯生。

采用强碱氢氧化钠溶剂，有利于对金属及合金进行较快腐蚀，有利于短时间接触面的清洁。

产品应用　本品是一种低温脱脂清洗剂。

产品特性

（1）本产品通过碱性溶液结合表面活性剂、螯合助剂和抗菌剂制得强效的低温脱脂清洗剂，适用于清洗接触时间在 20s 以上的转动金属。

（2）可以在小于等于 60℃ 的低温下使用，低泡或者无泡，还可以用于清洁转动的钢带，还具有抗菌性和环保性。

（3）本品脱脂效果良好，在浓碱溶液中溶解性好。

配方 14　低温液体脱脂剂

原料配比

原料		配比（质量份）					
		1#	2#	3#	4#	5#	6#
硅酸盐	40% 液体硅酸钾（模数 M＝2.3~2.5）	10	10	—	—	—	—
	50% 液体硅酸钠（模数 M＝2.2~2.4）	—	—	5	10	—	—
	粉体硅酸钠（模数 M＝2.2~2.4）	—	—	—	—	—	4
	五水偏硅酸钠	—	—	—	—	6	—
碱性盐	氢氧化钠	15	18	—	—	—	—
	氢氧化钾	—	—	20	30	25	20
螯合剂	葡萄糖酸钠	3	—	4	—	2	4
	乙二胺四乙酸二钠	—	3	—	2	2	1
表面活性剂	RQ－1298	6	3	1	2	4	3
	L580		3	4	3	2	2.5
水		加至 100					

制备方法　首先按比例加入水和硅酸盐，然后在搅拌下按比例加入碱性盐，待碱性盐充分溶解后按比例加入螯合剂，等温度降到 50℃ 以下后按比例加入表面活性剂，搅拌均匀即可。

产品应用　本品是一种能满足于在低温下不用加热且清洗性良好、泡沫低，主要用于汽车、家电生产线喷淋清洗的液体脱脂剂。

产品特性　本产品原料不含磷，表面活性剂可生物降解，属于环保型脱脂剂，可大大降低使用能耗，这样可以减少废水的处理费用，节约成本，有利于环保。本品还具有低温高清洗性和低泡沫性，使用时容易控制技术要求。脱脂剂产品稳定性好，耐高碱，现场操作方便。

配方15　镀锌钢板喷淋型常温脱脂剂

原料配比

原料	配比（质量份）
氢氧化钾	2
五水偏硅酸钾	12
碳酸钠	25
磷酸三钠	11
三聚磷酸钠	6
喷淋脱脂专用低泡表面活性剂	4
耐强碱喷淋脱脂专用低泡表面活性剂	3
渗透剂JFC	2
有机硅消泡剂	2
水	加至100

制备方法　开动粉体搅拌器，将计算量的氢氧化钾、五水偏硅酸钾、碳酸钠、磷酸三钠、三聚磷酸钠等固体原料依次徐徐加入搅拌机中，充分搅拌均匀后，再将喷淋脱脂专用低泡表面活性剂、耐强碱喷淋脱脂专用低泡表面活性剂、渗透剂JFC、有机硅消泡剂，依次徐徐加入反应釜中，继续搅拌混合均匀，放料包装。

原料介绍　所述喷淋脱脂专用低泡表面活性剂、耐强碱喷淋脱脂专用低泡表面活性剂为商品，牌号分别是QYL-23F、QYL-83。

产品应用　本品是一种成本低、脱脂效果好的镀锌钢板喷淋型常温脱脂剂。使用时，按质量分数3%~5%加水配制工作液，喷淋压力0.1~0.15MPa，喷淋时间2.5~3.5min。

产品特性　本产品在常温下喷淋2.5~3.5min，即可达到理想的脱脂效果，具有操作简单、省时省力、无须加热、节省电能、成本低等优点。

配方16　镀锌工件常温弱碱性脱脂剂

原料配比

原料	配比（质量份）	
	1#	2#
椰油酰胺丙基二甲基氧化胺	6	3
乙酸钠	6	8
无水硫酸钠	2	1

原料	配比（质量份）	
	1#	2#
乙二胺四乙酸	1	2
浸泡脱脂除油专用表面活性剂	6	3
渗透剂 JFC	1	2
水	加至 100	加至 100

制备方法　将计算称量的椰油酰胺丙基二甲基氧化胺、乙酸钠、无水硫酸钠依次徐徐加入搅拌机中，搅拌均匀后，再将计算称量的乙二胺四乙酸、浸泡脱脂除油专用表面活性剂、渗透剂 JFC 及水徐徐加入已经搅拌均匀的物料中，继续搅拌使上述液体原料充分混合均匀，放料包装。

原料介绍　上述浸泡脱脂除油专用表面活性剂是商品，牌号是 QYL-10F。

产品应用　本品是一种成本低的镀锌工件常温弱碱性脱脂剂。使用时，按质量分数 5%～10% 加水配制工作液，20～45℃下槽浸 3～6min。

产品特性　本产品在常温（20～45℃）下槽浸 3～6min，即可达到理想的脱脂效果，具有操作简单、节约能源、省时省力、成本低、脱脂效果好等优点。

配方 17　防冷轧薄钢板罩式炉退火黏结用脱脂剂

原料配比

原料	配比（质量份）					
	1#	2#	3#	4#	5#	6#
氢氧化钠	20	24	22	23	24.5	21
正硅酸钠	70	64	67	65	66	64.6
碳酸钠	3	4	5	3	3	4
磷酸三钠	6	7	5	8	5	10
非离子表面活性剂（脂肪醇聚氧乙烯醚）	0.5	0.6	0.7	—	—	—
非离子表面活性剂（烷基酚聚氧乙烯醚）	—	—	—	0.6	1	0.3
消泡剂（磷酸三丁酯）	0.5	0.4	0.3	0.4	0.5	0.1

制备方法　将各组分原料混合均匀即可。

产品应用　本品是一种防冷轧薄钢板罩式炉退火黏结用脱脂剂。

使用方法，包括以下步骤：

（1）将所述脱脂剂按质量分数为 5%～10% 的比例溶解于去离子水中，充分搅拌均匀后得到可作为化学脱脂剂和电解脱脂剂的两用脱脂剂溶液；

（2）将上述配好的两用脱脂剂溶液输入至脱脂生产线上的化学脱脂槽和电

解脱脂槽中，再将待脱脂带钢置于所述化学脱脂槽和电解脱脂槽进行化学脱脂和电解脱脂。所述两用脱脂剂溶液的工作温度为 75～95℃，电解脱脂时的电流密度为 10～15A/dm²。

产品特性 本产品是一种高效无毒碱性脱脂剂，脱脂剂的主剂采用的是皂化作用和乳化作用好的氢氧化钠和正硅酸钠，一方面具有良好的脱脂效果，另一方面正硅酸钠在清洗钢板的过程中，少量硅酸盐膜附着在钢板表面，可以防止带钢在罩式退火时黏结。为了提高脱脂效果，同时加入了助洗剂和有机表面活性剂。为了防止泡沫溢出脱脂槽，脱脂剂配方中加入了适量的消泡剂。本产品不仅能将黏附在带钢表面的各种油污彻底除净，且在使用后，钢板表面残留的硅酸盐膜对镀层结合力和后续的加工性能无影响。此外，使用本产品，无须将钢板预先置于脱脂剂中浸泡，可进行机组快速脱脂，脱脂速度达到 300～400m/min 甚至更高，高效、快速，完全适用于现代化的快速机组钢卷脱脂线。

配方18　防止冷轧板带退火粘连的脱脂剂

原料配比

原料	配比（质量份）		
	1#	2#	3#
氢氧化钠	30	40	35
碳酸钠	20	30	25
硅酸钠	8	10	8.5
水	加至1000		

制备方法 将各组分混合均匀即可。

产品应用 本品主要用于清洗金属表面。

产品特性 本产品应用硅酸钠作为乳化剂，脱脂后的板带表面清洁、光亮，并在钢板表面形成一层 SiO_2 吸附膜，可有效地防止带钢卷退火粘连。本脱脂剂药效持续时间长，成本较低，脱脂效果较好。

配方19　钢、锌、铝、镁金属工件通用常温中性脱脂剂

原料配比

原料	配比（质量份）	
	1#	2#
油酸	10	5
三乙醇胺	5	10
乙二醇单丁醚	8	6

续表

原料	配比（质量份）	
	1#	2#
浸泡脱脂除油专用表面活性剂	3	6
喷淋脱脂专用低泡表面活性剂	6	3
渗透剂 JFC	1	2
水	加至 100	

制备方法 将水加入反应釜中，开动搅拌器，控制转速 120r/min，然后将油酸、三乙醇胺、乙二醇单丁醚、浸泡脱脂除油专用表面活性剂、喷淋脱脂专用低泡表面活性剂、渗透剂 JFC 依次徐徐加入反应釜中，边加入边搅拌，直至溶液呈透明液体，放料包装。

原料介绍 上述浸泡脱脂除油专用表面活性剂、喷淋脱脂专用低泡表面活性剂是商品，牌号分别是 QYL – 10F、QYL – 23F。

产品应用 本品是一种钢、锌、铝、镁金属工件通用常温中性脱脂剂。使用时，按质量分数5%～10%加水配制工作液。

产品特性 本产品在常温下浸渍 3～6min，即可达到理想的脱脂效果，钢、锌、铝、镁金属工件通用，具有操作简单、省时省力、节省能源、成本低、脱脂效果好等优点。

配方 20 用于钢板清洗的脱脂剂

原料配比

原料	配比（质量份）									
	1#	2#	3#	4#	5#	6#	7#	8#	9#	10#
BG – 10 烷基糖苷	1	2	3	—	1.5	2.5	—	1.8	1.5	2.5
APG – 0810 烷基糖苷	2	1	—	3	1.5	1.8	2.5	—	2.5	1.8
氢氧化钾	8	6	10	1	1	3	4	9	7	5
葡萄糖酸钠	2	4	3	5	1	3.5	2.5	1.5	2	4.5
偏硼酸钠	4	6	1	10	12	11	2.5	8	9	7
硅酸钠	6	4	5	3	10	8	9	1	2	7
水	40	55	50	65	70	85	75	80	99	90

制备方法 将上述原料投入清洗槽中，搅匀即可使用，所适应的使用温度为 20～100℃。

产品应用 本品主要用作钢板清洗的脱脂剂。

产品特性 本产品在高浓度电解质中性能稳定，耐高温、强碱，无毒，能被完全生物降解，不对环境造成污染和破坏，大大节约了因处理废水而产生的费用。并且生产工艺简便，常温、常压下即可发生反应，生产设备要求不高，生产原料来源广、价廉，适合温度范围广（20～100℃）。所有原料易于购取，使用温度低、碱度低、能耗小且脱脂效果好。

配方 21　钢铝工件通用弱碱性常温脱脂剂

原料配比

原料	配比（质量份）	
	1#	2#
碳酸钠	8	6
三聚磷酸钠	8	12
羧甲基纤维素	0.5	0.1
柠檬酸钠	4	6
十二烷基苯磺酸钠	1	0.5
喷淋脱脂专用低泡表面活性剂	2	3
浸泡脱脂除油专用表面活性剂	3	2
渗透剂 JFC	1	2
水	加至100	

制备方法　开动搅拌机，将碳酸钠、三聚磷酸钠、羧甲基纤维素、柠檬酸钠、十二烷基苯磺酸钠依次徐徐加入搅拌机中，搅拌均匀后，再将喷淋脱脂专用低泡表面活性剂、浸泡脱脂除油专用表面活性剂、渗透剂 JFC 及余量水徐徐加入已经搅拌均匀的物料中，继续搅拌使上述液体原料充分混合均匀，放料包装。

原料介绍　上述喷淋脱脂专用低泡表面活性剂、浸泡脱脂除油专用表面活性剂为商品，牌号分别是 QYL－23F、QYL－10F。

产品应用　本品是一种钢铝工件通用弱碱性常温脱脂剂。使用时，按质量分数 5%～10% 加水配制工作液。

产品特性　本产品只在常温（5～40℃）下槽浸 3～6min，即可达到理想的脱脂效果，具有操作简单、节约能源、省时省力、成本低、脱脂效果好等优点。

配方 22　钢铁表面喷涂前处理用的无磷脱脂剂

原料配比

原料	配比（质量份）		
	1#	2#	3#
无水偏硅酸钠	20	15	18
碳酸钠	6	8	7

原料	配比（质量份）		
	1#	2#	3#
烷基酚醚磺基琥珀酸酯钠盐	5	5	5
十二烷基硫酸钠	3	3	3
脂肪醇聚氧乙烯醚	6	8	7
异丙醇	3	2	3
消泡王 FAG470	0.3	0.2	0.2
乙二胺四乙酸二钠	1.5	1	1
水	加至100		

制备方法 将以上所述无水偏硅酸钠、碳酸钠、乙二胺四乙酸二钠溶于水中，搅拌溶解后加入消泡王 FAG470，然后边搅拌边加入十二烷基硫酸钠、烷基酚醚磺基琥珀酸酯钠盐，溶解后边搅拌边加入脂肪醇聚氧乙烯醚、异丙醇混合溶液。

产品应用 本品是一种钢铁表面喷涂前处理剂。

产品特性

（1）本品选用了烷基酚醚磺基琥珀酸酯钠盐，其稳定性和耐水性优于烷基酚聚氧乙烯醚，且易溶于水，与阴离子、非离子复配性能好，具有良好的乳化性、分散性、润湿性、去污性，低温下去油污能力强，洗净性能好，泡沫少，能产生明显的节水效果。

（2）本产品选用的十二烷基硫酸钠，易溶于水，对碱和硬水不敏感，是一种无毒的阴离子表面活性剂，其生物降解度 >90%，能在低温下产生良好的洗涤效果且洗净性能好。

（3）本产品能在低于35℃下实现良好的脱脂效果，脱脂后并无不易清洗的物质产生，而且表面活性剂极少，因此泡沫也少。

（4）本品对钢板的脱脂率均可达到99%以上，钢铁表面脱脂并清洗后的水膜连续，满足要求。

配方 23　用于钢铁表面的酸性脱脂剂

原料配比

原料	配比（质量份）						
	1#	2#	3#	4#	5#	6#	7#
辛基酚聚氧乙烯醚	80	80	85	90	88	50	100
椰子油烷基醇酰胺	100	100	105	110	108	80	120

续表

原料	配比 (质量份)						
	1#	2#	3#	4#	5#	6#	7#
平平加	15(体积份)	20(体积份)	22(体积份)	25(体积份)	24(体积份)	15(体积份)	25(体积份)
脂肪醇聚氧乙烯醚硫化钠	100	80	85	90	80	50	50
磷酸	100 (体积份)	100 (体积份)	110 (体积份)	120 (体积份)	115 (体积份)	80 (体积份)	100 (体积份)
硝酸	200 (体积份)	200 (体积份)	190 (体积份)	180 (体积份)	195 (体积份)	180 (体积份)	150 (体积份)
氟化铵	40	40	45	50	48	30	40
六亚甲基四胺	2	2	2.5	3	2.5	1	3
水	加至1000						

制备方法 将300份水加入容器中，按以上配比加入磷酸、硝酸并加热至60~80℃，分别将辛基酚聚氧乙烯醚、椰子油烷基醇酰胺、平平加、脂肪醇聚氧乙烯醚硫化钠、氟化铵、六亚甲基四胺在常压、转速30r/min下搅拌溶解，加入无先后次序，然后加水至1000份。

产品应用 本品主要用于钢铁表面的酸性脱脂剂。

产品特性 本酸性脱脂剂与盐酸配合在常温下能达到除油酸洗一步完成，与硫酸和盐酸配合能除掉不锈钢、高碳钢回火形成的较厚氧化物，且钢铁表面光亮无腐蚀。采用本产品按30~50mL/L加入含盐酸200~300mL/L的溶液中，在2~5min可将碳钢表面锈及油污清除干净。按30~50mL/L酸性脱脂剂加入含硫酸100~150mL/L、盐酸200~250mL/L的溶液中，在温度30~45℃下，2~5min可将高碳钢、不锈钢上的回火氧化物及油污清除干净，尤其是不锈钢表面非常光亮。

配方24 高效低泡型脱脂剂

原料配比

原料	配比 (质量份)		
	1#	2#	3#
脂肪醇聚氧乙烯醚	34.1	25	45
烷基糖苷	11.3	20	—
水	55.7	55	55

制备方法 将上述配比的脂肪醇聚氧乙烯醚、烷基糖苷加入烧杯中，混合搅拌均匀，搅拌速率100r/min，搅拌30min。加入水后，再搅拌30min，即得

本产品。

产品应用 本品是一种高效低泡型脱脂剂。

产品在皮革脱脂工序中作为脱脂剂使用，还可用作皮革的洗涤剂、柔软剂等。在脱脂工序中，其加入量为皮重的 0.5%~1.5%。

产品特性 利用本产品的高效低泡型脱脂剂对皮革进行脱脂处理后，具有深层、高效的脱脂效果，并能除去纤维间质，而且方便经济，是较为理想的皮革专用脱脂剂。脂肪醇聚氧乙烯醚、烷基糖苷的协同作用能有效地抑制泡沫的产生，并且能使皮革产品达到优异的脱脂效果。

配方 25　高效环保脱脂剂

原料配比

原料		配比（质量份）
		1#
A 组分	烷基酚聚氧丙烯醚	5
	脂肪醇聚氧烷基醚	4.5
	脂肪醇聚氧乙烯醚	3.5
	十二烷基磺酸钠	3
	异丙醇	3
	乙二胺四乙酸二钠	0.15
	硅酸钠	4~6
	水	加至 1L
B 组分	琼脂	4
	葡萄糖	3
	蛋白胨	0.8
	碳酸钙	0.4
	硫酸锌	0.6
	维生素 C	1.5mg/L
	芽孢杆菌	50 亿单位/L
	水	加至 1L

制备方法

（1）A 组分的配制方法：

①取少量的水，首先将异丙醇和水充分混溶；

②再将已经称好的烷基酚聚氧丙烯醚、脂肪醇聚氧烷基醚、脂肪醇聚氧乙烯醚、十二烷基磺酸钠等活性剂依次加入到步骤①的异丙醇水溶液中，缓

慢搅拌；

③等泡沫消除后加入乙二胺四乙酸二钠、硅酸钠，搅拌均匀；

④最后加水调至1L，充分搅拌即可。

（2）B组分的制备方法：取适量的水，依次加入琼脂、葡萄糖、蛋白胨、碳酸钙、硫酸锌、维生素C等物质，然后按配方要求加入芽孢杆菌，再用Tris-HCl缓冲液调节混合液的pH=7~8，最后加水至1L，搅拌均匀即可。

产品应用 本品是一种高效环保脱脂剂。使用方法：根据生产线工作液带出量和工件含油量确定使用脱脂剂的量，首先清洗干净空槽，然后根据实际需要量将A组分倒入干净的槽内，再加入B组分，其中，A组分与B组分的质量比为10:1，搅拌均匀后即可进行正常的除油工作。

产品特性 本产品配方中，采用多种活性剂复配，同时引入了芽孢杆菌，最大限度地降低活性剂与金属机体的吸附，减小了对后续工序的不良影响，延长了槽液的使用寿命，节约了成本，提高了工作效率。

配方26 高效水基压铸铝合金脱脂剂

原料配比

原料	配比（质量份）
碳酸钠	4
磷酸三钠	2
硅酸钠	1
脂肪酸甲酯乙氧基化物	3
异构十三碳醇乙氧基化物	6
椰油酸二乙醇酰胺	5
缓蚀剂	2.5
渗透剂	6.5
抗菌剂	1
水	加至100

制备方法 将各组分原料混合均匀即可。

原料介绍 所述渗透剂为耐碱渗透剂OEP-70或耐碱渗透剂AEP中的任一种。

所述缓蚀剂为甲基苯并三氮唑TTA。

所述抗菌剂为四氯间苯二甲腈粉末。

产品应用 本品是一种高效水基压铸铝合金脱脂剂。

产品特性

（1）本产品通过采用脂肪酸甲酯乙氧基化物和异构十三碳醇乙氧基化物代替 OP-10、OP-25、TX-10 作为表面活性剂，可以减轻环境污染，环保、节能。通过碱液搭配表面活性剂和添加剂组成的清洗剂可以通过润湿、渗透、卷离、分散和增溶的方式，将压铸铝合金表面的油脂去除，还具有抗菌性，减缓合金表面氧化。

（2）本品具有环保、去脂效果优异和抗菌性好的特点。

配方 27　高效脱脂除锈金属表面处理剂

原料配比

原料	配比（质量份）				
	1#	2#	3#	4#	5#
磷酸	30	20	40	30	25
葡萄糖	1	0.1	2	1.5	1
2,3-二羟基丁二酸	1	0.1	1.5	0.5	1.5
硫脲	0.5	0.1	1	0.5	0.5
脂肪醇聚氧乙烯醚	1.5	0.5	3	2	1
水	加至 100				

制备方法　制备时，首先用部分水稀释磷酸，然后按配比将其他原料依次加入磷酸溶液中，最后加入剩余的水搅拌均匀，即可制得本产品，产品为无色透明液体。

产品应用　本品是一种常温高效的脱脂除锈金属表面处理剂。

使用时将工件浸入金属表面处理剂中，常温条件下浸泡 10min 左右将工件取出即可。

处理后的工件可直接用清水冲洗，也可使用金属表面处理剂对工件进行喷淋或涂刷等处理。

产品特性

（1）本产品将脱脂、除锈融为一体，除锈速度快，操作简单，投资省，成本低，能增加工件的使用寿命。

（2）本产品可在常温条件下使用，不需另外加热，能耗低；成分中不含强碱、有机溶剂和亚硝酸钠等有毒物质，无毒，环保，对基体不产生过腐蚀作用；能快速有效地清除金属材料和金属制品表面附着的各种油脂、锈蚀；简化了清洗工序，缩短了清洗时间，提高了清洗效率。

配方 28　高效脱脂剂

原料配比

原料	配比（质量份）			
	1#	2#	3#	4#
磷酸盐	350	300	400	375
碳酸盐	250	250	270	250
焦磷酸盐	110	120	120	120
十二烷基硫酸钠	74	60	60	60
烷基二乙醇酰胺	30	30	30	30
AES 醇醚硫酸	20	20	20	20
苯甲酸钠	15	15	15	15
高级醇	15	15	15	15
水	加至 1000			

制备方法　将各组分混合均匀即可。

产品应用　本品主要用于钢铁及其制品表面处理。

使用时将其稀释为原浓度的 1% ~5% 使用。

产品特性　本产品脱脂效果明显，能在常温条件下除去钢铁表面的防锈油，不仅可以降低生产成本，产生可观的经济效益，还可以节省大量能源，产生显著的环境效益，同时消泡性能好和脱脂清洁能力强。

配方 29　高效无磷脱脂剂

原料配比

原料	配比（质量份）		
	1#	2#	3#
脂肪醇聚氧乙烯醚硫酸钠	3	2	4
壬基酚聚氧乙烯醚	5	4	6
脂肪醇聚氧烷基醚	4.5	4	5
聚乙二醇	2.5	2	3.5
乙二胺四乙酸四钠	0.1	0.1	0.12
碱性脂肪酶	1.5	1	2
水	加至 1000		

制备方法

（1）取少量的水，首先将聚乙二醇和水充分混溶；

（2）将已经称好的脂肪醇聚氧乙烯醚硫酸钠、壬基酚聚氧乙烯醚、脂肪醇聚氧烷基醚等活性剂依次加入步骤（1）的聚乙二醇水溶液中，缓慢搅拌；

（3）等到泡沫消除后再加入乙二胺四乙酸四钠，搅拌均匀；

（4）再用弱碱性缓冲液调节混合液的 pH 值至 9～10 时，加入碱性脂肪酶；

（5）最后加水调至 1000 份，充分搅拌即可。

原料介绍 所述弱碱性缓冲液为碳酸钠和碳酸氢钠缓冲液。

产品应用 本品是一种高效无磷脱脂剂。

产品特性 本产品的配方中，采用多种活性剂复配，最大限度地降低活性剂与金属机体的吸附，减小了对后续工序的不良影响。同时本配方引入生物酶类活性物质，最大限度地降低活性剂与金属机体的吸附，减小了对后续工序的不良影响。同时脱脂快，缩短了脱脂时间，提高了工作效率。

配方 30　高效脂肪酶脱脂剂

原料配比

原料	配比（质量份）		
	1#	2#	3#
壬基酚聚氧乙烯醚	5	4	6
脂肪醇聚氧烷基醚	4.5	4	5
脂肪醇聚氧乙烯醚	3.5	3	4
十二烷基硫酸钠	3	2	4
乙二胺四乙酸二钠	0.1	0.1	0.12
碱性生物脂肪酶	1.5	1	2
水	加至 1000		

制备方法

（1）按照配方比例将已经称好的壬基酚聚氧乙烯醚、脂肪醇聚氧烷基醚、脂肪醇聚氧乙烯醚、十二烷基硫酸钠等活性剂依次加入水中，缓慢搅拌；

（2）等到泡沫消除后再加入乙二胺四乙酸二钠，搅拌均匀；

（3）再用弱碱性缓冲液调节混合液的 pH 值至 9～10 时，加入碱性生物脂肪酶；

（4）最后加水调至 1000 份，充分搅拌即可。

原料介绍 所述弱碱性缓冲液为碳酸钠和碳酸氢钠缓冲液。

产品应用 本品是一种高效脂肪酶脱脂剂。

产品特性 本产品对金属件进行脱脂时，降低了活性剂与金属机体的吸附，便于金属的后续加工，同时脱脂快，缩短了脱脂时间，提高了工作效率。本产品配方中，采用多种活性剂复配，最大限度地降低活性剂与金属机体的吸附，减小了对后续工序的不良影响。同时本配方引入生物酶类活性物质，最大限度地降低活性剂与金属机体的吸附，减小了对后续工序的不良影响。本产品脱脂时间短，废水可以直接排放，不污染环境。

配方31 工业用无磷脱脂剂

原料配比

原料		配比（质量份）			
		1#	2#	3#	4#
添加剂	烷基氯化铵	65	55	—	—
	烷基溴化铵	—	—	30	5
	甲醚	25	35	50	75
	水	加至100			

原料		配比（质量份）									
		1#	2#	3#	4#	5#	6#	7#	8#	9#	10#
添加剂	添加剂	0.1	10	0.5	1	10	2.5	8	4	2.5	0.1
	碳酸钠	60	60	65	48	35	—	16	35	—	10
	无水偏硅酸钠	37.9	20	34	50	50	48	30	25	47.5	40
	氢氧化钠	—	—	—	—	—	45	40	35	45	45
	辛基酚聚氧乙烯醚	2	5	0.5	1	5	—	—	1	2.5	—
	壬基酚聚氧乙烯醚	—	—	—	—	—	4.5	6	—	2.5	4.5
	水	加至100									

制备方法 将各组分原料混合均匀即可。

产品应用 本品主要用于封闭型喷淋涂装流水线的工业化生产。

产品特性

（1）本产品对油污的渗透和乳化力极强，对金属表面的矿物油、植物油的去除都有很好的效果；处理温度低、除油速度快，尤其适用于封闭型喷淋涂装流水线的工业化生产。本产品可以提高脱脂速度，一改以往因除油速度跟不上链速，造成除油不彻底而返工率高的状况，不仅提高产品质量，而且提高功效，节约生产成本。

（2）本产品能降低水体富氧化程度，促进水生态平衡，降低废水处理成本。

配方 32　　含硅酸盐的脱脂剂

原料配比

原料	配比（质量份）
异辛酸	1
乙二醇单丁醚磷酸酯	4
ANTAROX　L62	2.5
ANTAROX　L64	2.5
氢氧化钠	40
EDTA－二钠	0.8
偏硅酸钠	5
碳酸钠	0.5
葡萄糖酸钠	0.5
三聚磷酸钠	0.2

制备方法　将各组分原料混合均匀即可。

产品应用　本品是一种含硅酸盐的脱脂剂。

产品特性　本品核心是添加了乙二醇单丁醚磷酸酯这一高效增溶剂，使非离子表面活性剂溶解于浓氢氧化钠溶液中成为可能，采用异辛酸使偏硅酸钠在浓氢氧化钠溶液中有一定的溶解度。基于此配置的电解脱脂剂产品具有有效物含量高、效果好的特点，符合现代高速电解脱脂机组的使用工艺要求。在实际应用中能够取代固体脱脂剂，在同等使用条件下可达到相同的使用效果并对最终成品的质量有一定的提高。

配方 33　　含硅型液体电解脱脂剂

原料配比

原料		配比（质量份）			
		1#	2#	3#	4#
硅酸盐	硅酸钾	40	35	—	—
	硅酸钠	—	—	30	35
碱性盐	氢氧化钠	20	20	—	—
	氢氧化钾	—	—	30	60

续表

原料		配比（质量份）			
		1#	2#	3#	4#
螯合剂	葡萄糖酸钠	3	—	3	2
	乙二胺四乙酸二钠或四钠	—	4	—	1
表面活性剂 NF-25		2	1.5	1.5	3
水		加至100			

制备方法　首先按比例加入水和硅酸盐，然后在搅拌下按比例加入碱性盐，待碱性盐充分溶解后按比例加入螯合剂，等温度降到60℃以下后按比例加入表面活性剂，搅拌均匀即可。

产品应用　本品主要用作带钢在罩式炉连续退火前清洗的液体电解脱脂剂。

产品特性　本品使用效果好，液体电解脱脂剂产品稳定性好，没有分层和结晶现象，电解时去污力强、产生泡沫少、现场操作方便。本产品使用温度和电流密度范围广，且除油效果好，泡沫低，测定的钢板表面硅涂覆量在国家标准 $1\sim4mg/m^2$ 范围内。

配方34　含有芽孢杆菌的微生物脱脂剂

原料配比

原料		配比/（g/L）	
		1#	2#
A组分	仲烷基磺酸钠	2.0	4.0
	壬基酚聚氧乙烯醚	4.0	6.0
	脂肪醇聚氧烷基醚	4.0~5.0	5.0
	脂肪醇聚氧乙烯醚	3.0	4.0
	十二烷基硫酸钠	2.0	4.0
	异丙醇	2.0	3.5
	乙二胺四乙酸二钠	0.1	0.2
	偏硅酸钠	4	6
	水	加至1L	
B组分	可溶性淀粉	3	5
	葡萄糖	2	4
	蛋白胨	0.5	1.0
	碳酸钙	0.2	0.5
	硫酸镁	0.5	0.8

原料		配比/（g/L）	
		1#	2#
B 组分	维生素 E	1mg/L	2mg/L
	芽孢杆菌	50 亿单位/L	50 亿单位/L
	水	加至 1L	

制备方法

（1）A 组分的配制方法：

①取少量的水，首先将异丙醇和水充分混溶；

②再将已经称好的仲烷基磺酸钠、壬基酚聚氧乙烯醚、脂肪醇聚氧烷基醚、脂肪醇聚氧乙烯醚、十二烷基硫酸钠等活性剂依次加入步骤①的异丙醇水溶液中，缓慢搅拌；

③等泡沫消除后加入乙二胺四乙酸二钠、偏硅酸钠，搅拌均匀；

④最后加水调至 1L，充分搅拌即可。

（2）B 组分的制备方法：取适量的水，依次加入可溶性淀粉、葡萄糖、蛋白胨、碳酸钙、硫酸镁物质，然后按配方要求加入脱脂微生物，最后加水至 1L，搅拌均匀即可。

产品应用　本品是一种含有芽孢杆菌的微生物脱脂剂。使用方法：根据生产线工作液带出量和工件含油量确定使用脱脂剂的量，首先清洗干净空槽，然后根据实际需要量将 A 组分倒入干净的槽内，再加入 B 组分，其中，A 组分与 B 组分的质量比为 10∶1，搅拌均匀后即可进入正常的除油工作。

产品特性　本产品对金属进行脱脂时，降低了活性剂与金属机体的吸附，便于金属的后续加工，同时延长了槽内工作液的使用寿命，减少了更换槽液的次数，节约了成本，提高了效率。

配方 35　黑色金属表面处理的脱脂除鳞防腐防锈剂

原料配比

原料	配比（质量份）
磷酸	25
盐酸	5
洗涤剂	5
二乙烯三胺	0.23
氯酸钠	0.5
水	62

续表

原料		配比（质量份）
添加剂		3
添加剂	冰醋酸	49
	三氯化磷	37
	水	14

制备方法 先将水配入反应釜中，在不断搅拌中将氯酸钠配进去，搅拌溶完后，再将二乙烯三胺、添加剂、洗涤剂等配进去，搅拌均匀后，加入盐酸搅拌均匀，接着再加磷酸，充分搅拌 20min 后，转化成脱脂除鳞防腐防锈剂成品。

产品应用 本品主要用于黑色金属表面处理的脱脂除鳞防腐防锈剂。如钢铁厂生产的冷轧板、热轧板、棒材、丝材、角钢、工字钢、管道带钢、机械、汽车、火车、船舶、军舰、军用坦克、装甲车、枪炮、集装箱、包装箱、器具、各种建筑物等的主件、零部件的表面脱脂除鳞除锈、防腐防锈。

产品特性

（1）本产品用于黑色金属表面处理，脱脂、除鳞、除锈、防腐防锈一步完成。可长期清洗，只需添加原剂不需换槽排放，减少环境污染，消除安全隐患，降低成本 30% 以上，提高产品质量一个等级，取代盐酸、硫酸酸洗工艺。

（2）本产品采用乳化脱脂，催化加速氧化鳞溶解，依靠材料自身性能相互配合反应均衡，离子与分子相互作用，产生化学反应，加速脱脂除鳞除锈。以缓蚀离子促使金属离子络合沉积成钝化膜，阻滞氧接近金属基体，防止溶液中（硝酸根、硫酸根、氯离子）浸入金属基体，阻滞过酸，依靠材料自身特有的功能相互配合反应，使金属表面达到边脱脂、边除鳞除锈、边络合、边螯合、边钝化、边防腐保护、边控制离子反应，以催化剂促进鳞、锈的溶解，加速脂和鳞、锈的溶解。

配方 36 化工设备脱脂剂

原料配比

原料	配比（质量份）			
	1#	2#	3#	4#
脂肪醇聚氧乙烯醚	3	10	5	8
天冬氨酸	10	25	12	12
十氟戊烷	8	20	10	14
柠檬烯	10	35	12	18
蔗糖脂肪酸酯	10	25	10	19
乙二胺四乙酸四钠	5	15	6	12

　　制备方法　将上述质量份的脂肪醇聚氧乙烯醚、天冬氨酸、十氟戊烷和柠檬烯混合均匀后，再加入蔗糖脂肪酸酯、乙二胺四乙酸四钠，混合均匀后获得本品。

　　产品应用　本品主要用于不锈钢的材料、管线、容器等重要的化工设备的清洗脱脂，对金属设备的表面无侵蚀作用。

　　产品特性　本产品受酸碱、软硬水、海水的影响较小，去脂能力强，清洗效果好；无毒、不易燃。

配方 37　化工设备的脱脂清洗剂

原料配比

原料	配比（质量份）		
	1#	2#	3#
磺化琥珀酸 2 - 乙基己酯钠	6.5	5.3	8.5
蔗糖脂肪酸酯	4.8	2.5	5.8
精氨酸	5.6	3.5	8.6
膨润土	2.1	1.8	2.5
乙二胺四乙酸四钠	5.9	5.5	6.8
稳定剂硅酸镁铝	4.6	3.3	5.6
金属离子螯合剂	7.5	6.2	9.5

　　制备方法　将各组分原料混合均匀即可。

　　产品应用　本品主要用于不锈钢的材料、管线、容器等重要的化工设备的清洗脱脂。

　　产品特性　本产品清洗脱脂后表面有光泽不发乌，对金属设备的表面无侵蚀作用；本产品受酸碱、软硬水、海水的影响较小，去脂能力强，清洗效果好；无毒、不易燃；使用简单方便，减少污染，降低清洗成本。

配方 38　化工设备用脱脂剂

原料配比

原料	配比（质量份）		
	1#	2#	3#
三乙醇胺	10	15	20
羟丙基甲基纤维素	20	25	30
N - 甲基吡咯烷酮	20	25	30
蔗糖脂肪酸酯	10	15	20

续表

原料	配比（质量份）		
	1#	2#	3#
单硬脂酸甘油酯（一）	60	65	70
十二烷基苯磺酸钠	30	35	40
聚羧酸	30	35	40
单硬脂酸甘油酯（二）	20	30	40
膨润土	10	15	20
脂肪醇聚氧乙烯醚	10	15	20
水	100	150	200

制备方法

（1）将上述质量份的水分成三等份，分别为水 A、水 B 和水 C，分别加热升温至 60～80℃；

（2）在水 A 中加入上述质量份的三乙醇胺、羟丙基甲基纤维素、N–甲基吡咯烷酮和蔗糖脂肪酸酯，搅拌 30～60min，降温至 40～60℃，获得 A 溶液；

（3）在水 B 中加入上述质量份的单硬脂酸甘油酯（一）和十二烷基苯磺酸钠，搅拌 30～60min，降温至 40～60℃，获得 B 溶液；

（4）在水 C 中加入上述质量份的剩余物料，搅拌 30～60min，降温至 40～60℃，获得 C 溶液；

（5）将上述 A 溶液、B 溶液和 C 溶液混合，充分搅拌均匀，降温至室温，即获得本品。

产品应用　本品主要用于化工设备的清洗脱脂。

产品特性　本产品清洗脱脂后表面有光泽不发乌，对化工设备的表面无侵蚀作用；本脱脂清洗剂去脂能力强，清洗效果好；无毒、不易燃；使用简单方便，减少污染，降低清洗成本。

配方 39　化工设备用脱脂清洗剂

原料配比

原料	配比（质量份）		
	1#	2#	3#
三乙醇胺	1.2	1	2
羟丙基甲基纤维素	2.3	2	3
金属离子螯合剂	2.3	2	3
N–甲基吡咯烷酮	1.2	1	2

续表

原料	配比（质量份）		
	1#	2#	3#
硅酸镁铝	6.7	6	7
琥珀酸二异辛酯磺酸钠	3.4	3	4
斑脱岩	3.4	3	4
精氨酸	2.3	2	3
乙二胺四乙酸四钠	1.2	1	2
脂肪醇聚氧乙烯醚	1.2	1	2
水	加至100		

制备方法　将各组分原料混合均匀即可。

产品应用　本品主要用于化工设备的清洗脱脂。

产品特性　本产品清洗脱脂后表面有光泽不发乌，对金属设备的表面无侵蚀作用；本脱脂清洗剂受酸碱、软硬水、海水的影响较小，去脂能力强，清洗效果好；无毒、不易燃；使用简单方便，减少污染，降低清洗成本。

配方 40　环保安全脱脂清洗剂

原料配比

原料		配比（质量份）			
		1#	2#	3#	4#
二元羧酸酯	己二酸二甲酯	30	—	—	—
	丁二酸二戊酯	—	25	—	—
	丁二酸二甲酯	—	—	50	—
	戊二酸二甲酯	40	—	50	20
	戊二酸二丙酯	—	5	—	—
	己二酸二丁酯	—	40	—	—
石油烃	C_{10} 溶剂	30	—	—	—
	C_8 石油烃	—	—	—	80

制备方法　将物料在容器中搅拌均匀，成品无色透明。

产品应用　本品主要用于机械、仪器、设备的零部件、管道等中的矿物油、植物油的清洗，也可用于大多数有机高分子聚合物的清洗。

使用时，将需要清洗的机械、仪器、设备的零部件、管道用清洗液在50～80℃下进行脱脂清洗。

产品特性

（1）本脱脂清洗剂为无色、微黄或微灰色透明液体，其燃点在 70~120℃、臭氧消耗潜值（ODP）为 0、毒性极小、对环境无危害、脱脂能力较强。清洗方法没有限制，可采用超声波、喷淋、刷洗等各种方法，也可采用这些方法的组合方法进行清洗。

（2）本产品在 50~80℃进行脱脂清洗后，当脱脂剂温度降至 20~35℃范围后，清洗过程中溶解在脱脂剂中的油污将从脱脂剂中析出，浮出液面，可以很方便地将油污从脱脂溶剂中分离出去，实现脱脂剂的重复使用，可大幅降低清洗成本，延长脱脂剂的使用寿命。

（3）原料品种少、来源丰富。

（4）产品燃点高、毒性低。

（5）应用面广、使用方便。

配方 41　环保喷淋型常温高效水基脱脂剂

原料配比

原料	配比（质量份）		
	1#	2#	3#
氢氧化钠	1	3.5	2
氢氧化钾	3.5	1	2
碳酸钠	1	5.5	3
五水偏硅酸钠	6.5	1	4
十水硼砂	1	3.5	2
亚硝酸钠	6.5	1	4
JFC	0.1	0.6	0.4
浸泡脱脂专用表面活性剂	3	1	2
喷淋脱脂专用低泡表面活性剂	1	4	2
除油除蜡专用表面活性剂	5	1	3
消泡剂（MS-575）	0.5	0.5	1
水	加至 100		

制备方法　先将计算称量的水加入反应釜中，启动搅拌器，控制转速 60r/min，然后将计算称量的氢氧化钠、氢氧化钾、碳酸钠、五水偏硅酸钠、十水硼砂、亚硝酸钠固体原料依次徐徐加入反应釜中，每加一种原料必经搅拌至充分溶解，最后将计算称量的 JFC、浸泡脱脂专用表面活性剂、喷淋脱脂专用低泡表面活性剂、除油除蜡专用表面活性剂、消泡剂依次徐徐加入反应釜中，继续充分搅拌至溶液呈浅黄色透明液体。

原料介绍　其中浸泡脱脂专用表面活性剂、喷淋脱脂专用低泡表面活性剂、除油除蜡专用表面活性剂均为市售商品，牌号分别为 Y - 02、Y - 35、QLY - 252C。

产品应用　本品是一种成本低、脱脂效果好且不含磷的环保喷淋型常温高效水基脱脂剂。

使用时，将本产品按质量分数为 5% ~ 6% 加水配制工作液，按照现有工艺流程进行清洗，其中预脱脂、主脱脂、助脱脂均为常温条件，0.12MPa 喷淋时间 180s。

产品特性　本产品不含磷，利于环保，在整个清洗过程中，无须加热，只需常温下喷淋清洗即可彻底且快速除去工件表面的油脂等，节省了电能，降低了清洗成本。

配方 42　环保型复合金属脱脂剂

原料配比

原料		配比（质量份）		
		1#	2#	3#
主剂 A	氢氧化钾	0.01	0.04	0.02
	碳酸钾	3	1	2
	五水偏硅酸钾	0.5	4	2.5
	葡萄糖酸钠	2	0.5	1.5
	十水硼砂	0.5	2	1
	乙二胺四乙酸二钠	1.5	0.5	1
	异丙醇	1	3	2
	水	加至 100		
助剂 B	氢氧化钾	0.1	0.5	0.3
	喷淋脱脂专用低泡表面活性剂	2.5	1	1.75
	除重油浸泡脱脂专用表面活性剂	1	2.5	1.75
	耐强碱喷淋脱脂专用低泡表面活性剂	2.5	1	1.75
	耐强碱超声波清洗专用低泡表面活性剂	1	2.5	1.75
	JFC	1.5	0.5	1
	消泡剂	0.5	1.5	1
	水	加至 100		
助剂 C	氢氧化钾	0.1	0.5	0.3
	除油除蜡专用表面活性剂	4	1	2
	除积炭专用表面活性剂	1	4	2

续表

原料		配比（质量份）		
		1#	2#	3#
助剂 C	AEO－9	4	1	3
	JFC	0.5	1.5	1
	消泡剂	1.5	0.5	1
	水	加至100		

制备方法

（1）所述主剂 A 按如下步骤制备：将计算称量的水加入反应釜中，开启搅拌器，设定转速 80r/min；再将计算称量的氢氧化钾、碳酸钾、五水偏硅酸钾、葡萄糖酸钠、十水硼砂、乙二胺四乙酸二钠、异丙醇依次徐徐地加入反应釜中，每加一种原料搅拌 15～20min；当全部原料加完继续搅拌 30～60min。

（2）所述助剂 B 按如下步骤制备：将计算称量的水加入反应釜中，开启搅拌器，设定转速 60r/min；再将计算称量的氢氧化钾、喷淋脱脂专用低泡表面活性剂、除重油浸泡脱脂专用表面活性剂、耐强碱喷淋脱脂专用低泡表面活性剂、耐强碱超声波清洗专用低泡表面活性剂、JFC、消泡剂依次徐徐地加入反应釜中，每加一种原料搅拌 15～20min；当全部原料加完继续搅拌 1～2h。

（3）所述助剂 C 按如下步骤制备：将计算称量的水加入反应釜中，并开启搅拌器，设定转速 60r/min；再将计算称量的氢氧化钾、除油除蜡专用表面活性剂、除积炭专用表面活性剂、活性剂 AEO－9、JFC、消泡剂依次徐徐地加入反应釜中，每加一种原料搅拌 15～20min；当全部原料加完继续搅拌 1～2h。

原料介绍 其中喷淋脱脂专用低泡表面活性剂、除重油浸泡脱脂专用表面活性剂、耐强碱喷淋脱脂专用低泡表面活性剂、耐强碱超声波清洗专用低泡表面活性剂、除油除蜡专用表面活性剂及除积炭专用表面活性剂均为市售商品，产品型号分别为 QYL－23F、Y－02、Y－40、Y－71、QYL－252C、QYL－290。

产品应用 本品是一种脱脂效果好、易清洗、可满足后道工艺要求且可多种金属（碳钢、不锈钢、铝及铝合金、锌及锌合金、铜及铜合金、钛及钛合金、镁合金等）通用的环保型复合金属脱脂剂，避免通用性差所存在的各种麻烦。

使用时，将主剂 A、助剂 B 及助剂 C 分别加水配制质量分数为 1%～3% 的工作液，根据金属材质工件表面的油脂状态，采用喷淋或槽浸等工艺方法，按主剂 A 与助剂 B 或/和助剂 C 组合，进行清洗。如金属工件表面存在单纯油脂采用 A 剂＋B 剂；金属工件表面存在蜡或/和积炭采用 A 剂＋C 剂；金属工件表面存在油脂、蜡或/和积炭采用 A 剂＋B 剂＋C 剂。

将本产品用于金属工件（碳钢、不锈钢、铝及铝合金、锌及锌合金、铜及铜合金、钛及钛合金、镁合金等）的脱脂处理，处理温度为 25～50℃，喷淋压力为 0.12 ~ 0.15MPa，时间为 1 ~ 3min 或浸泡 5 ~ 15min，均达到预期的脱脂效果。

产品特性 本产品是选择可取代磷酸盐并具有较强螯合作用的碱性盐及与其匹配的活性剂组合而设计的无磷环保型脱脂剂。用本产品处理金属工件，可充分发挥其乳化功能，达到彻底脱脂的目的，满足了后道工序（纳米皮膜处理以及静电粉末喷涂涂装等）的前处理质量要求。在优选碱和碱性盐作为皂化剂成分同时，保证强碱性含量不会对钢、锌、铝等各种材质表面发生氧化和腐蚀作用，同时皂化反应后黏附在工件表面的生成物易溶解、易清洗。

配方 43 环保型金属表面脱脂剂

原料配比

原料	配比（质量份）			
	1#	2#	3#	4#
皂素	20	25	30	10
脂肪酸酰胺	10	15	8	10
氢氧化钠	15	10	10	5
植酸钠	2	5	10	10
水	加至 100			

制备方法 按配比准备原料，将皂素、脂肪酸酰胺、氢氧化钠、植酸钠和水混合后，在 50 ~ 75℃下搅拌 40 ~ 60min，放置冷却。

产品应用 本品是一种环保型金属表面脱脂剂。

使用方法：将环保型金属表面脱脂剂用水稀释 5 ~ 20 倍，用于金属表面的脱脂处理，脱脂剂温度范围为室温至 65℃，超声波处理 3 ~ 5min。

产品特性

（1）本产品有别于传统的乳化脱脂，而是利用该产品的渗透性、螯合性来使油脂与金属表面的结合力失去并分离油脂，达到脱脂目的。植酸钠在该环境下优先螯合多价金属，并与金属表面结合，使油脂失去与金属之间的结合力，皂素的乳化性能和脂肪酸酰胺的渗透乳化性结合，使得金属表面的油脂快速地脱离，以达到脱脂的目的。

（2）本产品选用"植物提取物"及其衍生物的产品复合配制而成，不含有磷酸系、OP 系、TX 系等难以降解类产品，是一种高效、经济、环保的脱脂剂，本产品适用于黑色或有色金属材料及其制品脱脂、除油；采用本产品不仅可以快速脱脂，并可对金属表面产生短期工序间防腐，使用简单、安全高效、无异味、低泡沫，废液处理简单，是绿色和清洁生产的理想产品。

配方 44　环保型脱脂剂

原料配比

原料		配比（质量份）		
		1#	2#	3#
A 组分	脂肪醇聚氧乙烯醚硫酸钠	3	2	4
	壬基酚聚氧乙烯醚	5	4	6
	脂肪醇聚氧烷基醚	4.5	4	5
	脂肪醇聚氧乙烯醚	3.5	3	4
	十二烷基硫酸钠	3	2	4
	聚乙二醇	3	2	3.5
	偏硅酸钠	5	4	6
	水	加至 1L		
B 组分	琼脂	4	3	5
	葡萄糖	3	2	4
	蛋白胨	0.8	0.5	1
	碳酸钙	0.23	0.2	0.5
	硫酸镁	0.6	0.5	0.8
	维生素 E	1.5mg/L	1mg/L	2mg/L
	芽孢杆菌	50 亿单位/L	50 亿单位/L	50 亿单位/L
	水	加至 1L		

制备方法

（1）A 组分的配制方法：

①取少量的水，首先将聚乙二醇和水充分混溶；

②再将已经称好的脂肪醇聚氧乙烯醚硫酸钠、壬基酚聚氧乙烯醚、脂肪醇聚氧烷基醚、脂肪醇聚氧乙烯醚、十二烷基硫酸钠等活性剂依次加入步骤①的聚乙二醇水溶液中，缓慢搅拌；

③等泡沫消除后加入偏硅酸钠，搅拌均匀；

④最后加水调至 1L，充分搅拌即可。

（2）B 组分的制备方法：取适量的水，依次加入琼脂、葡萄糖、蛋白胨、碳酸钙、硫酸镁、维生素 E，然后按配方要求加入芽孢杆菌，最后加水至 1L，搅拌均匀即可。

产品应用　本品是一种环保型脱脂剂。

使用方法：根据生产线工作液带出量和工件含油量确定使用脱脂剂的量，首先清洗干净空槽，然后根据实际需要量将 A 组分倒入干净的槽内，再加入 B 组分，其中，A 组分与 B 组分的质量比为 10∶1，搅拌均匀后即可进入正常的除油工作。

产品特性 本产品配方中，采用多种活性剂复配，同时引入了芽孢杆菌，对金属表面进行脱脂时，最大限度地降低活性剂与金属机体的吸附，减小了对后续工序的不良影响，延长了槽液的使用寿命，节约了成本，提高了工作效率。

配方 45 环保型微生物脱脂剂

原料配比

原料		配比（质量份）				
		1#	2#	3#	4#	5#
A 组分	碳酸钠	22	25	30	20	23
	烷基苯磺酸钠	0.5	1.0	1.2	0.5	1.5
	壬基酚聚氧乙烯醚	0.2	0.2	1.5	0.3	0.3
	异丙醇	12	13	13	13	13
	有机硅消泡剂	5	5	8	4	6
	水	23	25	25	25	25
B 组分	蛋白胨	5	8	8	8	5
	葡萄糖	5	5	5	5	5
	枯草芽孢杆菌	18	16	18	17	16
	生物酶	8	6	8	8	8
	可溶性淀粉	12	13	13	13	14
	水	35	35	35	35	32

制备方法 B 组分混合均匀后在 30 ~ 40℃下培养 1 ~ 3 天，得种子液，将种子液与 A 组分混合搅拌均匀后即得微生物脱脂剂。

产品应用 本品是一种环保型微生物脱脂剂。

产品特性 本品是专门应用于玻璃材质或塑料材质的环保型微生物脱脂剂，具有不损伤玻璃或塑料表面、脱脂速度快、脱脂效率高、安全、环保的特点。

配方 46 环保型微生物脱脂清洗剂

原料配比

原料		配比/（g/L）		
		1#	2#	3#
A 组分	脂肪醇聚氧乙烯醚硫酸钠	3	2	4
	壬基酚聚氧乙烯醚	5	4	6
	脂肪醇聚氧烷基醚	4.5	4	5

续表

原料		配比/（g/L）		
		1#	2#	3#
A组分	脂肪醇聚氧乙烯醚	3.5	3	4
	十二烷基硫酸钠	3	2	4
	异丙醇	3	2	3.5
	乙二胺四乙酸二钠	0.15	0.1	0.2
	偏硅酸钠	5	4	6
	水	加至1L		
B组分	可溶性淀粉	4	3	5
	葡萄糖	3	2	4
	蛋白胨	0.8	0.5	0.5
	碳酸钙	0.4	0.2	0.5
	硫酸镁	0.6	0.1	0.8
	维生素E	1.5mg/L	1mg/L	2mg/L
	芽孢杆菌	50亿单位/L	50亿单位/L	50亿单位/L
	水	加至1L		

制备方法

（1）A组分的配制方法：

①取少量的水，首先将异丙醇和水充分混溶；

②再将已经称好的脂肪醇聚氧乙烯醚硫酸钠、壬基酚聚氧乙烯醚、脂肪醇聚氧烷基醚、脂肪醇聚氧乙烯醚、十二烷基硫酸钠等活性剂依次加入步骤①的异丙醇水溶液中，缓慢搅拌；

③等泡沫消除后加入乙二胺四乙酸二钠、偏硅酸钠，搅拌均匀；

④最后加水调至1L，充分搅拌即可。

（2）B组分的制备方法：取适量的水，依次加入可溶性淀粉、葡萄糖、蛋白胨、碳酸钙、硫酸镁、维生素E，然后按配方要求加入维生素E芽孢杆菌，最后加水至1L，搅拌均匀即可。

产品应用　本品是一种环保型微生物脱脂剂。

使用方法：根据生产线工作液带出量和工件含油量确定使用脱脂剂的量，首先清洗干净空槽，然后根据实际需要量将A组分倒入干净的槽内，再加入B组分，其中，A组分与B组分的质量比为10∶1，搅拌均匀后即可进入正常的除油工作。

产品特性　本产品对金属进行脱脂时，降低了活性剂与金属机体的吸附，芽孢杆菌可以降解油脂，延长了槽液的使用寿命，缩短了脱脂时间，提高了工作效率，降低了脱脂成本。

配方 47　环保微生物脱脂清洗剂

原料配比

原料		配比/（g/L）		
		1#	2#	3#
A组分	脂肪醇聚氧乙烯醚硫酸钠	3	2	4
	壬基酚聚氧乙烯醚	5	4	6
	脂肪醇聚氧烷基醚	4.5	4	5
	脂肪醇聚氧乙烯醚	3.5	3	4
	十二烷基硫酸钠	3	2	4
	乙醇	3	2	3.5
	乙二胺四乙酸四钠	0.15	0.1	0.1~0.2
	硅酸钠	5	4	6
	水	加至1L		
B组分	可溶性淀粉	4	3	5
	葡萄糖	3	2	4
	牛肉膏	0.8	0.5	1
	硝酸钙	0.3	0.2	0.5
	硫酸锌	0.6	0.58	0.8
	维生素B	1.5mg/L	1mg/L	2mg/L
	芽孢杆菌	50亿单位/L	50亿单位/L	50亿单位/L
	水	加至1L		

制备方法

（1）A组分的配制方法：

①取少量的水，首先将乙醇和水充分混溶；

②再将已经称好的脂肪醇聚氧乙烯醚硫酸钠、壬基酚聚氧乙烯醚、脂肪醇聚氧烷基醚、脂肪醇聚氧乙烯醚、十二烷基硫酸钠等活性剂依次加入到步骤①的乙醇水溶液中，缓慢搅拌；

③等泡沫消除后加入乙二胺四乙酸四钠、硅酸钠，搅拌均匀；

④最后加水调至1L，充分搅拌即可。

（2）B组分的制备方法：取适量的水，依次加入可溶性淀粉、葡萄糖、牛肉膏、硝酸钙、硫酸锌、维生素B等营养物质，然后按配方要求加入芽孢杆菌，再用Tris-HCl缓冲液调节混合液的pH=7~8，最后加水至1L，搅拌均匀即可。

产品应用 本品是一种环保型微生物脱脂剂。

使用方法：根据生产线工作液带出量和工件含油量确定使用脱脂剂的量，首先清洗干净空槽，然后根据实际需要量将 A 组分倒入干净的槽内，再加入 B 组分，其中，A 组分与 B 组分的质量比为 10∶1，搅拌均匀后即可进入正常的除油工作。

产品特性 本产品对金属进行脱脂时，降低了活性剂与金属机体的吸附，便于金属的后续加工，同时延长了槽内工作液的使用寿命，节约了成本，提高了工作效率。

配方 48 机械零件表面脱脂剂

原料配比

原料	配比（质量份）		
	1#	2#	3#
葡萄糖酸钠	10	15	20
羟丙基甲基纤维素	20	25	30
磷酸三钠	20	25	30
蔗糖脂肪酸酯	10	15	20
烷基酚聚氧丙烯醚磷酸酯（一）	60	65	70
十二烷基苯磺酸钠	30	35	40
聚羧酸	30	35	40
烷基酚聚氧丙烯醚磷酸酯（二）	20	30	40
三聚磷酸钠	10	15	20
脂肪醇聚氧乙烯醚	10	15	20
水	100	150	200

制备方法

（1）将上述质量份的去离子水分成三等份，分别为水 A、水 B 和水 C，分别加热升温至 60～80℃；

（2）在水 A 中加入上述质量份的葡萄糖酸钠、羟丙基甲基纤维素、磷酸三钠和蔗糖脂肪酸酯，搅拌 30～60min，降温至 40～60℃，获得 A 溶液；

（3）在水 B 中加入上述质量份的烷基酚聚氧丙烯醚磷酸酯（一）和十二烷基苯磺酸钠，搅拌 30～60min，降温至 40～60℃，获得 B 溶液；

（4）在水 C 中加入上述质量份的剩余物料，搅拌 30～60min，降温至 40～60℃，获得 C 溶液；

（5）将上述 A 溶液、B 溶液和 C 溶液混合，充分搅拌均匀，降温至室温，即获得本品。

产品应用　本品主要用于机械零件的清洗脱脂。

产品特性　本产品清洗脱脂后表面有光泽不发乌，对机械零件的表面无侵蚀作用。本脱脂清洗剂去脂能力强，清洗效果好；无毒、不易燃；使用简单方便，减少污染，降低清洗成本。

配方49　机械零件产品表面脱脂剂

原料配比

原料	配比（质量份）		
	1#	2#	3#
椰油酸二乙醇酰胺	10	15	20
脂肪醇聚氧乙烯醚硫化钠	20	25	30
植酸钠	20	25	30
1,2-丙二醇-1-单丁醚	10	15	20
仲烷基磺酸盐	60	65	70
烷基酚醚磺基琥珀酸酯钠盐	30	35	40
十水硼砂	30	35	40
仲烷基磺酸钠	30	45	60
柠檬酸	10	15	20
水	100	150	200

制备方法

（1）将上述质量份的去离子水分成三等份，分别为水A、水B和水C，分别加热升温至60~80℃；

（2）在水A中加入上述质量份的椰油酸二乙醇酰胺、脂肪醇聚氧乙烯醚硫化钠、植酸钠和1,2-丙二醇-1-单丁醚，搅拌30~60min，降温至40~60℃，获得A溶液；

（3）在水B中加入上述质量份的仲烷基磺酸盐和烷基酚醚磺基琥珀酸酯钠盐，搅拌30~60min，降温至40~60℃，获得B溶液；

（4）在水C中加入上述质量份的剩余物料，搅拌30~60min，降温至40~60℃，获得C溶液；

（5）将上述A溶液、B溶液和C溶液混合，充分搅拌均匀，降温至室温，即获得本品。

产品应用　本品主要用作机械零件产品表面脱脂剂。脱脂剂使用后，静置5~10h，可以继续取出其上部的脱脂剂继续使用。

产品特性　本产品清洗脱脂后表面有光泽不发乌，对机械零件的表面无侵蚀作用。本脱脂清洗剂去脂能力强，清洗效果好；无毒、不易燃；使用简单方便，减少污染，降低清洗成本。

配方50 机械设备用脱脂剂

原料配比

原料	配比（质量份）		
	1#	2#	3#
三乙醇胺	10	15	20
羟丙基甲基纤维素	20	25	30
巯基苯并噻唑	20	25	30
精氨酸	10	15	20
硅酸镁铝	60	65	70
乙二胺四乙酸四钠	30	35	40
聚羧酸	30	35	40
磺化琥珀酸	20	30	40
四丁基溴化鏻	10	15	20
脂肪醇聚氧乙烯醚	10	15	20
水	100	150	200

制备方法

（1）将上述质量份的去离子水分成三等份，分别为水A、水B和水C，分别加热升温至60~80℃；

（2）在水A中加入上述质量份的三乙醇胺、羟丙基甲基纤维素、巯基苯并噻唑和精氨酸，搅拌30~60min，降温至40~60℃，获得A溶液；

（3）在水B中加入上述质量份的硅酸镁铝和乙二胺四乙酸四钠，搅拌30~60min，降温至40~60℃，获得B溶液；

（4）在水C中加入上述质量份的剩余物料，搅拌30~60min，降温至40~60℃，获得C溶液；

（5）将上述A溶液、B溶液和C溶液混合，充分搅拌均匀，降温至室温，即获得本品。

产品应用 本品主要用于机械设备的清洗脱脂。

产品特性 本产品清洗脱脂后表面有光泽不发乌，对金属设备的表面无侵蚀作用。本脱脂清洗剂受酸碱、软硬水、海水的影响较小，去脂能力强，清洗效果好；无毒、不易燃；使用简单方便，减少污染，降低清洗成本。

配方51   用于金属表面处理的常温无磷脱脂剂

原料配比

原料	配比（质量份）			
	1#	2#	3#	4#
氢氧化钠	10	20	15	20
偏硅酸钠	5	5	7.5	10
碳酸钠	5	3	4	3
烷基酚聚氧乙烯醚	6	8	7	6
直链烷基苯磺酸盐	4	2	3	4
2-丁氧基乙醇	2	1	2	1.5
聚醚	0.5	1	0.5	0.7
水	加至100			

制备方法

（1）按上述配比称取各原料，先将氢氧化钠和水放入反应釜中，搅拌后待其完全溶解，放置2h。

（2）然后再将偏硅酸钠、碳酸钠依次放入水中，充分溶解完全后加入步骤（1）碱溶液中，搅拌均匀；再加入烷基酚聚氧乙烯醚、直链烷基苯磺酸盐，搅拌均匀。

（3）最后加入2-丁氧基乙醇、聚醚和余量的水，搅拌均匀，即得到用于金属表面处理的常温无磷脱脂剂。

产品应用   本品主要用于金属表面处理的常温无磷脱脂。

产品特性   本产品具有常温、环保（无磷）、高效、安全、低泡沫、增溶、去污性好等特点，对钢板、铝、铜以及塑料、橡胶等均无腐蚀。

配方52   用于金属表面的乳化型脱脂剂

原料配比

原料	配比（质量份）				
	1#	2#	3#	4#	5#
直链烷基苯磺酸钠	3	3	2	3.5	5
α-烯烃磺酸盐	5	4	3	3.5	2
三聚磷酸钠	20	25	30	35	15
五水偏硅酸钠	20	20	25	30	20

续表

原料	配比（质量份）				
	1#	2#	3#	4#	5#
氢氧化钠	25	32	35	20	30
EDTA	2	1	2.5	3	2
碳酸钠	25	20	10	18	15
仲烷基磺酸钠	5	3	4	6	2

制备方法

（1）将 α - 烯烃磺酸盐以 1∶1 的质量比用水稀释。

（2）开启搅拌釜，将氢氧化钠、五水偏硅酸钠、碳酸钠、三聚磷酸钠、直链烷基苯磺酸钠、EDTA、仲烷基磺酸钠在搅拌转速为 40～100r/min 的速度下分别加入釜中搅拌均匀，加入无先后次序。

（3）将稀释的 α - 烯烃磺酸盐溶液装入喷壶慢慢加入釜中充分搅拌均匀，即得到该乳化型脱脂剂。

产品应用　本品主要用于金属表面的乳化型脱脂剂。

产品特性　本脱脂剂有很强的乳化能力和渗透力，使用时脱脂液不变色，无腐蚀性。对表面油污严重的金属材料（机油、润滑油、防锈油及油泥等），经本脱脂剂 3%～5%（质量分数）的水溶液浸泡 10～20min，无须人工擦洗，就能彻底清除污垢。

配方 53　金属表面脱脂剂

原料配比

原料		配比（质量份）		
		1#	2#	3#
碳酸钠		40	10	35
三聚磷酸钠		10	30	25
磷酸三钠		30	40	30
阴离子表面活性剂	十二烷基苯磺酸钠	14	—	7
	十二烷基硫酸钠	—	20	—
非离子表面活性剂	脂肪醇聚氧乙烯醚	3	5	3
	聚乙二醇辛基苯基醚	3	5	—

制备方法　将各组分原料混合均匀即可。

产品应用　本品主要用于清洗油井套管接箍的金属表面脱脂剂。

使用时，将金属表面脱脂剂按质量分数为 3%～10% 加入常温去离子水中，边加入边搅拌，制成金属表面脱脂剂溶液，再将金属表面脱脂剂溶液与金属表面接触，时间为 5～20min，温度为室温，即可获得清洁的工件表面，能满足油井套管接箍表面脱脂要求。

产品特性　本产品组成简单、配制方便，常温使用，清洗率高。

配方 54　金属表面脱脂清洗剂

原料配比

原料		配比（质量份）		
		1#	2#	3#
水		36.5	36.5	36.5
常用碱	氢氧化钠	10	15	15
	氢氧化钾	5	—	—
缓冲剂与助剂	三聚磷酸钠	4	6	6
	焦磷酸钾	4	—	—
	硅酸钠	5	7	7
	水	30.4	30.4	30.4
表面活性剂	BJJ001	4	4	5
	AEO	1	1	1
消泡剂和抑泡剂	有机硅消泡剂	0.07	0.07	0.07
	磷酸三丁酯	0.03	0.03	0.03

制备方法

(1) 先将常用碱和水放入反应釜中，搅拌后待其完全溶解；

(2) 其次将缓冲剂与助剂加入水中，充分溶解完全后加到上述碱溶液中，搅拌均匀；

(3) 再加入表面活性剂，搅拌均匀；

(4) 最后加入消泡剂和抑泡剂，搅拌均匀，即得到无色透明金属表面脱脂剂产品。

产品应用　本品主要用于钢板、锌、铝、铜以及塑料、橡胶等材料的表面脱脂清洗。

产品特性　本产品具有高效、安全、环保、低泡沫等特点，对钢板、锌、铝、铜以及塑料、橡胶均无腐蚀。

配方 55　对金属表面进行脱脂、净化处理的方法及专用热碱溶液

原料配比

原料	配比（质量份）					
	1#	2#	3#	4#	5#	6#
氢氧化钠	10	6	20	10	15	8
磷酸三钠	20	30	15	25	10	20
硅酸钠	0.5	0.8	0.8	31	31	1.5
液态肥皂	2	3	1	2	1.5	1
动物胶	25	15	15	20	10	35
水	加至1000					

制备方法　将各组分溶于水混合均匀即可。

产品应用　本品主要适合于人手无法疏通的金属机械油道、管道、水道处理。

对金属表面进行脱脂、净化处理的方法，包括如下步骤：

（1）先将金属零部件的泥沙等污染物冲洗干净。在金属零部件入槽处理前，将金属零部件的泥沙等污物冲洗干净后，再放入池槽进行洗除，该步骤能够减少高压热水冲洗用量，节约能源。

（2）皂化和乳化除油处理。设置专用清洗池，在所述清洗池中准备好专用热碱溶液，将金属零部件放入清洗池内浸蚀，将清洗池内的热碱溶液温度控制在 20～50℃，浸蚀时间在 5～20min。

（3）除锈处理。将清洗池内的热碱溶液温度调节到 51～65℃后继续浸蚀，浸蚀时间在 20～60min。

（4）除积炭和油漆处理。将清洗池内的热碱溶液温度调节到 66～95℃继续浸蚀，浸蚀 2～3h。

（5）进行抽样检查，任意抽取一块经过步骤（3）处理后的金属零部件，取出后迅速用高压水冲洗，检查零部件表面的除油、除锈、除积炭和除油漆是否合格，如果不合格再继续浸蚀直到零部件表面的除油、除锈、除积炭和除油漆合格。

（6）冲洗处理，经过步骤（1）～（3）处理后，被处理的金属零部件的表面油脂及污渍被处理干净，将处理干净的金属零部件从清洗池捞起，用高压水冲洗，冲洗完后用高压空气将金属零部件的表面吹干，对金属表面进行脱脂、净化处理过程。

产品特性

（1）本产品的处理工艺简单、操作方便，通过调节不同温度的专用热碱溶液实现了除油、除锈、除积炭和除油漆处理，缩短了金属零部件的生产周期，并且处理效果好。

（2）具有良好的润滑性、渗透性和乳化性，脱脂力强，能防止油污的吸附。

（3）泡沫少，水洗性能好。

（4）能软化水，能防止金属零部件溶蚀及变色。

（5）碱液稳定，pH 变化小，脱脂溶液的油污染负载量大，能长期连续使用，符合节资增产节约能源的要求。

（6）安全、无毒、不燃、不爆，不会对环境造成污染。

（7）该热碱溶液可长期重复使用，减少人工清洗及清洗液的费用。

配方 56　金属高性能脱脂剂

原料配比

原料	配比（质量份）		
	1#	2#	3#
烷基酚聚氧乙烯醚	3	5	4
二烷基苯磺酸钠	10	5	8
磷酸三钠	10	15	12
异丙醇	8	5	7
硅酸钠	10	20	15
水	40	30	35

制备方法　将各组分原料混合均匀即可。

产品应用　本品是一种金属高性能脱脂剂。

产品特性　本产品的优点是清洗性能优良且消泡性能好，清洗后残留少。

配方 57　金属件纳米转化膜处理前的脱脂剂

原料配比

原料	配比（质量份）					
	1#	2#	3#	4#	5#	6#
纯碱	50	10	30	25	20	23
烷基糖苷	1	10	5	4	7	5
十二烷基脂肪醇聚氧乙烯醚	1	10	6	4	7	6
脂肪醇聚氧乙烯醚硫酸钠	5	0.1	2.5	4	2	3
脂肪酸甲酯磺酸钠	5	0.1	2.5	4		3
JFC 渗透剂	0.1	1.5	0.8	1	1.5	1.2
螯合剂	0.1	1.5	0.8	0.5	1	0.8
水	加至 100					

制备方法

（1）在搅拌器中先加入水 20～70 份，在搅拌的同时依次加入纯碱 10～50 份，烷基糖苷 1～10 份，十二烷基脂肪醇聚氧乙烯醚 1～10 份，脂肪醇聚氧乙烯醚硫酸钠 0.1～5 份，脂肪酸甲酯磺酸钠 0.1～5 份，JFC 渗透剂 0.1～1.5 份，螯合剂 0.1～1.5 份，再添加适量的水；继续搅拌 10min，上述加入的物料成为混合均匀的脱脂剂。烷基糖苷采用烷基碳链长度为 C_8～C_{10} 的，或者烷基碳链长度为 C_{12}～C_{14} 的，或者其混合物。螯合剂采用 EDTA 钠盐。

（2）将步骤（1）制成的脱脂剂包装后置于温度为 45～65℃ 的环境中备用。

产品应用　本品是一种金属件纳米转化膜处理前的脱脂剂。本脱脂剂稀释至质量分数为 2%～5% 溶液，处理温度为 65℃，处理时间为 3～10min，除油率可达 98.5% 以上。

产品特性

（1）脱脂剂采用了高生物降解型表面活性剂，无毒，易于降解处理，对环境影响小；

（2）不含有三聚磷酸钠和多聚磷酸钠等磷酸盐，无含磷废水及其后续废水处理，对环境无害；

（3）不含硅酸盐或偏硅酸盐，易于清洗；

（4）使用本脱脂剂，可满足金属件涂装前纳米转化膜处理前的表面清洁度技术要求。

配方 58　金属壳体脱脂清洗剂

原料配比

原料	配比（质量份）
甲基环氧氯丙烷	0.3
磷酸	1.8
巯基苯并噻唑	1.3
聚羧酸	2.4
四丁基溴化磷	3.1
聚单硬脂酸甘油酯	0.7
水	加至 100

制备方法　将各组分原料混合均匀即可。

产品应用　本品是一种金属壳体脱脂清洗剂。

产品特性　本产品具有优异的清洗能力，防锈期长，低泡，使用寿命长。

配方 59　金属脱脂剂

原料配比

原料	配比（质量份）		
	1#	2#	3#
硅酸钾	8	12	10
焦磷酸钾	10	6	8
脂肪醇聚氧乙烯醚	6	4	5
癸醇聚氧乙烯醚硫酸钾	3.5	3	4
聚氧乙烯聚氧丙烯单丁基醚	1.5	3	2
苯并三氮唑	0.3	0.4	0.2
水	加至100		

制备方法　将各种原料混合均匀即可得到本产品的金属脱脂剂。

产品应用　本品主要用作压缩机生产过程中脱脂处理需要的金属脱脂剂。

产品特性

（1）本产品具有极强的清洗力，清洗力（4%，65℃）达到99%以上；

（2）本产品腐蚀性弱，对铸铁和黄铜的腐蚀性实验外观均为0级，腐蚀量铸铁为1.12mg、黄铜为0.56mg；

（3）本产品具有强的防锈能力，单片、叠片均为0级；

（4）本产品具有产品稳定性好、不易分层的特点；

（5）本产品与冷媒、冷冻机油相容性好，适合于冷冻压缩机零部件的清洗；

（6）本产品不含对人体有害的物质，对人体无毒、无害，安全性好。

配方 60　金属脱脂清洗剂

原料配比

原料	配比（质量份）		
	1#	2#	3#
聚氧乙烯聚氧丙烯单丁醚	1	3	2
十二烷基苯磺酸钠	5	10	7
碳酸钠	6	10	8
磷酸三钠	10	15	12
异丙醇	5	8	6.5
水	40	50	45

制备方法　将各组分原料混合均匀即可。

产品应用　本品主要用于各金属表面及其零部件的清洗。

产品特性　本产品清洗性能优良、消泡性能好、低残留、对人体无毒无害。

配方 61　金属脱脂除油剂

原料配比

原料	配比（质量份）		
	1#	2#	3#
碳酸钠	11	13	9
癸酸二乙醇胺	4	5	6
脂肪醇聚氧乙烯醚	6	4	4
聚氧乙烯聚氧丙烯单丁基醚	3	2	1.5
苯并三氮唑	0.7	0.5	1
水	加至 100		

制备方法　将各种原料混合均匀即可得到本产品的金属脱脂除油剂。

产品应用　本品主要用作压缩机生产过程中脱脂处理需要的金属脱脂除油剂。

产品特性　本产品具有极强的清洗力，腐蚀性弱，具有强的防锈能力；原料均为水溶性很好的有机物，所以产品低残留、易漂洗，与冷媒、冷冻机油相溶性好，适合于冷冻压缩机零部件的清洗；不含对人体有害的物质，对人体无毒、无害，安全性好。

配方 62　精密不锈钢工件喷涂涂装前超声波脱脂皮膜化成剂

原料配比

原料	配比（质量份）	
	1#	2#
硫酸镍	12	6
氢氟酸	6	12
草酸	12	6
氟钛酸	3	6
Y-75 超声波清洗低泡表面活性剂	8	4
渗透剂 JFC	1	2
水	加至 100	

制备方法 将水加入反应釜中，开动搅拌器，控制转速 120r/min，将硫酸镍、氢氟酸、草酸、氟钛酸、Y-75 超声波清洗低泡表面活性剂及渗透剂 JFC 依次徐徐加入反应釜中，继续搅拌至溶液呈透明液体，放料包装。

原料介绍 所用原料均为市售产品，其中超声波清洗低泡表面活性剂产品型号为 Y-75。

产品应用 本品是一种精密不锈钢工件喷涂涂装前超声波脱脂皮膜化成剂。

将本产品按质量分数 5%~10% 加水配成工作液，采用超声波清洗设备对不锈钢工件表面进行清洗，工作槽液温度 40~60℃，超声波清洗 6~8min，其结果是将不锈钢工件经高速机械抛光后残留的大量抛光膏黏附物彻底除去并形成一层保护膜。

产品特性 本产品所选择的助剂、缓蚀剂等匹配合理，具有最佳的有效酸洗液浓度、助剂强化作用、表面张力、黏度系数及在超声波设备中的蒸汽压等，既可避免腐蚀超声波不锈钢清洗设备，又可迅速、彻底除去工件表面的蜡质抛光膏，同时还可在工件表面形成一层保护膜，防止工件表面锈蚀。

配方 63 工件通用电解脱脂剂

原料配比

原料	配比（质量份）		
	1#	2#	3#
氧化钾	1	0.5	0.8
碳酸钠	2	4	3
磷酸三钠	4	2	3
三聚磷酸钠	3	5	4
无水偏硅酸钾	4	2	3
乙二胺四乙酸二钠（EDTA 二钠）	1	2	1.5
耐强碱电解脱脂专用低泡表面活性剂	4	2	3
除蜡水专用表面活性剂	1	2	1.5
渗透剂 JFC	1	0.5	0.8
消泡剂（MS575）	0.5	1	0.8
水	加至 100		

制备方法 将水加入反应釜中，开动搅拌器，控制转速 120r/min，然后将计算称量的氧化钾、碳酸钠、磷酸三钠、三聚磷酸钠、无水偏硅酸钾、乙二胺四乙酸二钠（EDTA 二钠）、耐强碱电解脱脂专用低泡表面活性剂、除蜡水专用表面活性剂、渗透剂 JFC 及消泡剂（MS575）依次徐徐加入反应釜中，边加入边搅拌，直至溶液呈浅黄色透明液体，放料包装。

原料介绍　所用原料均为市售产品，其中耐强碱电解脱脂专用低泡表面活性剂、除蜡水专用表面活性剂产品型号分别为 QYL-30、QYL-252C。

产品应用　本品是一种不腐蚀电解清洗设备，可迅速、彻底除去精密电子构件钢、不锈钢、铝、铜、锌混合工件表面油脂的工件通用电解脱脂剂。

将本产品按质量分数 15%～20% 加水配成工作液，采用电解清洗设备对精密电子构件钢、不锈钢、铝、铜、锌混合工件进行清洗，工作槽液温度 60～80℃，阳极电流密度 1.5～2.5A/dm²，电压 12～24V。

产品特性　本产品不腐蚀电解清洗设备，在 1.5～3min 可迅速、彻底除去精密电子构件钢、不锈钢、铝、铜、锌混合工件表面油脂。

配方 64　精密镍及镍合金工件喷涂涂装前超声波脱脂皮膜化成剂

原料配比

原料	配比（质量份）	
	1#	2#
85% 的硝酸	12	6
硝酸镍	3	6
氟化钠	6	3
50% 的氟锆酸	2	4
40% 的氟钛酸	3	1
50% 的植酸	1	2
Y-73 超声波清洗低泡表面活性剂	8	4
渗透剂 JFC	1	2
水	加至 100	

制备方法　将水加入反应釜中，开动搅拌器，控制转速 120r/min，将计算称量的质量分数为 85% 的硝酸、硝酸镍、氟化钠、质量分数为 50% 的氟锆酸、质量分数为 40% 的氟钛酸、质量分数为 50% 的植酸、Y-73 超声波清洗低泡表面活性剂、渗透剂 JFC 依次徐徐加到反应釜中，继续搅拌至溶液呈透明液体，放料包装。

原料介绍　所用原料均为市售产品，其中超声波清洗低泡表面活性剂产品型号为 Y-73。

产品应用　本品是一种精密镍及镍合金工件喷涂涂装前超声吸脱脂皮膜化成剂。

将本产品按质量分数 5% 加水配成工作液，采用超声波清洗设备对镍及镍合金工件表面分别进行清洗，工作槽液温度 50～60℃，超声波清洗 5～8min，其结果是将镍及镍合金工件经高速机械抛光后残留的大量抛光膏黏附物彻底除去并形成一层保护膜。

产品特性 本产品所选择的助剂、缓蚀剂等匹配合理，具有最佳的有效酸洗液浓度、助剂强化作用、表面张力、黏度系数及在超声波设备中的蒸汽压等，既可避免腐蚀超声波镍及镍合金清洗设备，又可迅速、彻底除去工件表面的蜡质抛光膏，同时还可在工件表面形成一层保护膜，防止工件表面锈蚀。

配方 65　可处理废水的亲环境金属脱脂清洗剂

原料配比

原料	配比（质量份）		
	1#	2#	3#
柠檬酸钠	2	2.5	1.5
碳酸钠	1	1.2	1.2
戊二酸二甲酯	1	1.2	1.2
苯甲酸钠	1	1.3	1.3
聚 α 烯烃合成油	1.5	1.8	1.8
有效生物菌群	2	2	2
水	92.5	90	91

制备方法

（1）将水倒进烧杯里，再放入柠檬酸钠、碳酸钠、戊二酸二甲酯、苯甲酸钠，在室温条件下用搅拌机以 25r/min 的速度搅拌 20min，使固体物质充分溶解。

（2）在步骤（1）所得溶液里放入生物菌群，并充分溶解。

（3）在步骤（2）所得溶液里放入聚 α 烯烃合成油，用搅拌机搅拌混合，搅拌速度 10r/min。

（4）在室温条件下将步骤（3）所得溶液放置 48h，使生物菌群的活动性提高到最大值，即制得本产品所述清洗剂。

原料介绍 所述生物菌群为酵母菌、乳酸菌或光合细菌中的任意一种或几种。

产品应用 本品是一种可处理废水的亲环境金属脱脂清洗剂。

产品特性

（1）本产品配比简单，成本低廉，不含挥发性有机溶剂，清洗效果好，且清洗过后的废水可自身生物分解，分解速度快，不污染环境。

（2）本产品使用了有效微生物菌群为素材，防止了各种环境污染并提高对金属的防锈性能，既对人体无害，又可生物分解。故本产品具有良好的生物分解性能，而且没有添加挥发性有机化合物及有机溶剂。

配方66　可生物降解型脱脂剂

原料配比

原料	配比（质量份）					
	1#	2#	3#	4#	5#	6#
醇醚磺基琥珀酸单酯二钠	8.0	9.0	10.0	8.5	9.5	10.0
木质素磺酸钠	5.0	6.0	7.0	5.5	6.5	5.0
蔗糖脂肪酸酯	2	2.5	3.0	3.0	2.0	3.0
柠檬酸	5.0	7.0	8.0	6.0	7.5	5.0
水	80.0	75.5	72.0	77.0	74.5	77.0

制备方法　将蔗糖脂肪酸酯加入水中加热搅拌直至溶解完全，冷却后依次加入醇醚磺基琥珀酸单酯二钠、木质素磺酸钠、柠檬酸搅拌溶解即得产品。

产品应用　本品主要用于塑料件涂装前处理的脱脂工序。

脱脂剂应用方法为：稀释加热后采用喷淋的方式对待喷漆塑料件进行脱脂处理。

应用操作方法：按2%（质量分数）使用，稀释液加热到50~60℃，喷淋时间为30~180s。

产品特性　本脱脂剂是一种采用可生物降解物质为主要原材料配制而成的淡黄色液体，不含磷，呈弱酸性，能广泛用于各种塑料件的脱脂除油。

配方67　快速去除金属工件表面油灰的常温无磷脱脂剂

原料配比

原料	配比（质量份）		
	1#	2#	3#
氢氧化钠	10	20	15
偏硅酸钠	10	5	7.5
山梨糖醇	3	5	4
聚乙烯吡咯烷酮	3	1	2
羟乙基纤维素	0.5	1	0.75
琥珀酸二辛酯磺酸钠	1	0.5	0.75
三乙醇胺	0.05	0.1	0.075
水	加至100		

制备方法

（1）按上述配比称取各原料，先将氢氧化钠和水放入反应釜中，搅拌后待其完全溶解，放置2h得碱溶液。

（2）然后将偏硅酸钠、山梨糖醇依次放入水中，充分溶解完全后加到步骤（1）碱溶液中，搅拌均匀；再加入聚乙烯吡咯烷酮、羟乙基纤维素，搅拌均匀。

（3）最后加入琥珀酸二辛酯磺酸钠、三乙醇胺和余量的水，搅拌均匀，即得到快速去除金属工件表面油灰的常温无磷脱脂剂。

产品应用　本品主要用于汽车、工程机械、农用机械等领域的工件清洗。

产品特性　本产品具有常温、无磷、低泡沫等特点，对钢铁、铝合金、铜合金、镁合金、锌合金等材料均无腐蚀；能快速去除工件表面的油渍和灰垢，对油脂种类多且灰垢大的工件表面仍有很强的清洗效果；添加的氧化剂具有快速除油和灰垢以及防锈的作用。

配方68　用于冷轧薄板热镀锌前的无磷脱脂液

原料配比

原料	配比（质量份）			
	1#	2#	3#	4#
辛基酚聚氧乙烯醚（OP-10）	0.5	1	2	1.2
十二烷基苯磺酸钠	1.2	0.7	0.3	0.5
无水碳酸钠	3	3.5	5	4
一乙醇胺	2	1.5	1.8	1
葡萄糖酸钠	2	2.5	4	3
氢氧化钠	30	28	22	25
水	加至100			

制备方法　在玻璃或搪瓷容器中，按配比要求加入水，升温到（70±5）℃依次加入无水碳酸钠、固体氢氧化钠、葡萄糖酸钠，待上述物料全部溶解后降低温度到（50±5）℃，按比例依次加入十二烷基苯磺酸钠、辛基酚聚氧乙烯醚（OP-10）、一乙醇胺，搅拌均匀，过滤后即得成品。

产品应用　本品主要用于冷轧薄板热镀锌前的脱脂。

产品特性

（1）本产品无磷环保，液体脱脂剂长期储存稳定性好，无结晶及液体分层，使用方便简单；脱脂效率高，镀锌附着均匀，锌层附着力强。

（2）使用本产品清洗冷轧薄板后，钢板的脱油效率提高，冷轧薄板缺陷大大降低。

配方 69　用于冷轧带钢连续退火生产线的低泡液体脱脂剂

原料配比

原料	配比（质量份）		
	1#	2#	3#
氢氧化钠	28	25	26
DF20 型表面活性剂	0.5	—	—
Plurafac LF431 型表面活性剂	—	—	0.5
DP105 型表面活性剂	—	0.5	—
聚氧乙烯醚磷酸酯阴离子表面活性剂	1.5	1.5	—
HEDP	4	3	—
EDTA	—	—	2
葡萄糖酸钠	2.5	—	2
丙烯酸钠	—	—	2.8
丙烯酸酰胺	—	2	—
聚丙烯酰胺	—	1.5	—
水	63.5	66.5	65.2

制备方法　将上述各种原料按比例混合均匀即可。

原料介绍　所述非离子表面活性剂为陶氏化学公司生产的 DF20 型表面活性剂、青岛长青化工有限公司生产的 DP105 型表面活性剂或巴斯夫公司生产的 Plurafac LF431 型表面活性剂；所述助剂为羟基亚乙基二膦酸（HEDP）、葡萄糖酸钠、乙二胺四乙酸（EDTA）、丙烯酸盐、酰胺中的至少一种。

产品应用　本品主要用作冷轧带钢连续退火生产线的低泡液体脱脂剂。

产品特性　本产品采用脂肪醇经环氧改性后的新型的低泡表面活性剂与磷酸酯表面活性剂复配溶解于高浓度氢氧化钠溶液，同时辅之以葡萄糖酸钠、ED-TA、HEDP、丙烯酸盐、酰胺等化学品为助剂替代原脱脂剂内的聚氧乙烯醚表面活性剂解决了带钢清洗的泡沫产生的脱脂剂消耗的问题，同时也抑制了前道工序带入的活性剂所产生的泡沫，使脱脂、清洗达到最佳效果。本脱脂剂进行带钢脱脂清洗后，钢板表面的残油、残铁量均低于 $10mg/m^2$，清洗后带钢表面的反射率≥90%，且清洗槽内的泡沫可控。即本低泡液体脱脂剂清洗高效、低耗并且无须再向其中添加消泡剂即可实现低泡作业，符合钢厂冷轧带钢高速、时间短的清洗要求，降低带钢的清洗成本。

配方 70　冷轧连退机组用脱脂剂

原料配比

原料	配比（质量份）				
	1#	2#	3#	4#	5#
氢氧化钠	12	15	17	21	24
氢氧化钾	6	5	4	—	—
碳酸钠	2.4	3	3.2	3.4	4
磷酸三钠	1.8	2	2.6	3.2	3.4
葡萄糖酸钠	5	5	5	6	5
乙二胺四乙酸	1	1	1	2	1
聚丙烯酸钠盐	2	1	1	1	1
壬基酚聚氧乙烯醚	1	2	2	1	2
H-11 型阴离子表面活性剂	1	1	1	1	1
水	67.8	65	63.2	60.4	58.6

制备方法　先将辅助清洗剂溶于一部分水中得无机盐溶液，再将碱性物质溶于另一部分水中得碱液，然后将无机盐溶液缓慢加到有机械搅拌的常温碱液中得外观均一、无色透明的混合液，接着在搅拌的情况下缓慢依次加入螯合剂和表面活性剂，即得本产品的冷轧连退机组用脱脂剂产品。

产品应用　本品是一种冷轧连退机组用脱脂剂。使用时，将 3 质量份的浓缩液和 97 质量份的水混合得到质量分数为 3% 的工作液。

产品特性

（1）配方中的碱性物质氢氧化钠、氢氧化钾能和黏附在钢板上的动植物油发生皂化反应，生成肥皂和甘油，两者都能很好地溶解在清洗剂中，从而使冷轧带钢上的动植物油脂除去。为保证与其他组分具有较好的协同作用，应较好地控制碱性物质中各组分的含量。

（2）复配的脱脂剂中，往往会添加多种助洗剂或其他添加剂，以改善清洗剂的去污性，尤其是去除硬质污垢的能力。本产品的冷轧连退脱脂剂以碳酸钠、磷酸三钠为辅助清洗剂，其主要作用是软化水的硬度，提供碱性缓冲环境及润湿、乳化、悬浮、分散污渍污垢，防止污垢的再次沉淀附着。所选无机盐还有一定的清洗油污的能力，可增强清洗剂的除油效果。

（3）配方中的螯合剂葡萄糖酸钠和乙二胺四乙酸，可与清洗液中的 Fe、Ca、Mg 等金属离子形成配位化合物，减少这些金属离子与油脂皂化形成的脂肪酸结合成金属皂的可能性，从而避免形成不溶于水的重金属脂肪酸盐再次黏附于带钢而导致清洗效率下降。

（4）配方中的聚丙烯酸钠盐、壬基酚聚氧乙烯醚及 H-11 型阴离子表面活性剂在洗涤污物时，亲油基团吸附污物，亲水基团溶于水，同时由于这两种基团的存在，水的表面张力显著降低，把原来不互溶的油和水联系起来，使亲油基团和污物随同亲水基团一起变成微小粒子分散于水中，达到去污的目的。表面活性剂复配产生的协同效应表现为：充分发挥其在清洗过程中的润湿、渗透、乳化、增溶等作用，满足除油污、防腐蚀、稳定性和抗硬水等要求。非离子表面活性剂的效率较高，形成胶团也较容易，而离子表面活性剂由于亲水基团在水中电离而产生静电斥力，效率往往较低。因此，在非离子表面活性剂中添加适量阴离子表面活性剂，将改善复配物的活性并克服阴离子表面活性剂单独使用时的一些弱点。另外，阴离子单体能有效地消除或提高非离子单体溶液的浊点，以适应加热清洗和高温存放的需要，这一类清洗剂无浊点或浊点高，可用于加热清洗。

（5）本产品由于各组分之间相互协同，可适应冷轧连退机组高速生产时对板面清洗质量的要求，清洗性能优异、价格低廉，采用本脱脂剂可使清洗后的带钢洗净率达到 98%，表面残油量 ≤10mg/m² （单面），残铁量 ≤10mg/m² （单面），采用中温工艺条件时的清洗效果同样令人满意。

配方 71　利用废弃油表面活性剂制造的带钢脱脂清洗剂

原料配比

原料	配比 （质量份）		
	1#	2#	3#
废弃油阴离子表面活性剂脂肪酸甲酯磺酸酯钠盐（活性物 30%~40%）	25	15	20
废弃油非离子表面活性剂椰油醇酰胺	3	5	4
废弃油非离子表面活性剂椰油酸聚乙二醇酯	3	5	4
缓冲剂硅酸钠	2	3	3
抗硬水剂 EDTA 二钠	1	1	2
无机盐清洗剂碳酸钠	3	4	4
水	63	67	63

制备方法　计量水加入反应釜中，升温至 60~70℃ 搅拌。再依次计量废弃油阴离子表面活性剂脂肪酸甲酯磺酸酯钠盐（活性物 30%~40%）、废弃油非离子表面活性剂椰油醇酰胺、废弃油非离子表面活性剂椰油酸聚乙二醇酯加入反应釜中。加料过程中继续搅拌。再计量缓冲剂硅酸钠、抗硬水剂 EDTA 二钠、无机盐清洗剂碳酸钠依次加入反应釜中，整体物料复配温度保持在 60~70℃，搅拌 30min 后，过滤包装。

产品应用 本品是利用废弃油表面活性剂制造的带钢脱脂清洗剂。

产品特性 本产品具有良好的清洁性和乳化性,有很好的抗硬水性、低泡沫性。本产品外观呈淡黄色液体,液体稳定,不受温度、氧化和微生物的影响,溶于甲醇、酒精和水。本产品原液 pH 值 9 ~ 11。原液对人体皮肤有较低的刺激性,对带钢板没有腐蚀性。

配方72 铝材表面脱脂除油剂

原料配比

原料	配比(质量份)
碳酸钠	5.5
硅酸钠	4.5
脂肪醇聚氧乙烯醚硫酸钠	2
水解聚马来酸酐	19
羟基亚乙基二膦酸	11
烷基酚聚氧乙烯醚	1.1
水	加至100

制备方法 按比例称取上述组分,先将碳酸钠和硅酸钠溶于水中,然后将溶液冷却,在控制溶液温度不高于 40℃ 的条件下,加入羟基亚乙基二膦酸,使之溶解完全后,再依次加入水解聚马来酸酐、脂肪醇聚氧乙烯醚硫酸钠和烷基酚聚氧乙烯醚,通过搅拌至溶液均相,即得。

产品应用 本品是一种铝材表面脱脂除油剂。

产品特性 本产品除油效果好、无毒、无味、不燃不爆,清洗废液近中性,不含强酸、重金属离子,对环境无污染。

配方73 铝合金无硅高效脱脂液

原料配比

原料		配比(质量份)					
		1#	2#	3#	4#	5#	6#
碱金属氢氧化物	氢氧化钠	5	—	4	6	4.5	—
	氢氧化钾	—	6	1.5	—	2.7	5.5
磷酸盐	磷酸钠	—	7	6.5	—	—	—
	三聚磷酸钠	—	8	—	—	6.8	—
	多聚磷酸钠	12	—	5.5	7.5	—	—
	焦磷酸钠	4	—	4.5	—	—	12

续表

原料		配比（质量份）					
		1#	2#	3#	4#	5#	6#
磷酸盐	焦磷酸钾	—	—	4	—	5.4	—
	六偏磷酸钠	—	—	2.5	2	—	—
	氨基三亚甲基膦酸四钠	—	2	—	—	3.2	—
	羟基亚乙基二膦酸钠	3	—	—	—	—	5.5
	二乙烯三胺五亚甲基膦酸钠	—	2	—	—	4.5	—
	己二胺四亚甲基膦酸钾	—	—	—	3	—	—
缓冲剂	乙二胺四乙酸二钠	4	7.5	—	—	—	5
	柠檬酸钠	—	—	—	4	—	6.5
	葡萄糖酸钠	—	5.0	—	2.5	6	—
	酒石酸钠	8	7.5	—	1.3	5.4	3.5
	碳酸钠	3.4	—	4	2.7	—	—
	碳酸氢铵	—	4.5	—	—	3.7	—
腐蚀抑制剂	咪唑啉磷酸酯	0.2	—	0.4	—	—	0.7
	三乙醇胺	—	1	—	1.6	0.8	—
	癸胺	1.5	—	—	—	0.4	0.5
	十二烷基胺	—	0.7	1.2	—	—	—
表面活性剂	十二烷基硫酸钠	1.2	—	—	1.7	1.5	—
	十二烷基苯磺酸钠	—	—	—	—	1	—
	OP－10 乳化剂	—	1	2	—	—	—
	壬基酚聚氧乙烯醚（NP－10）	2	—	—	0.4	—	—
	山梨糖醇酐单硬脂酸酯（SPAN－60）	—	0.7	—	—	—	1
	聚氧乙烯山梨醇酐单棕榈酸酯（TWEEN40）	—	—	0.4	—	—	—
水		加至 1000					

制备方法 将碱金属氢氧化物、磷酸盐、缓冲剂、腐蚀抑制剂、表面活性剂和水均匀混合而成。

原料介绍 可选的碱金属氢氧化物包括氢氧化钠、氢氧化钾或氢氧化锂等之一或一种以上。

磷酸盐包括无机磷酸盐和/或有机膦酸盐。无机磷酸盐包括单磷酸盐（如正磷酸盐或偏磷酸盐）和多磷酸盐（如焦磷酸盐、三聚磷酸盐或多聚磷酸盐等）

之一或一种以上；有机膦酸盐包括氨基三亚甲基膦酸（ATMP）盐、羟基亚乙基二膦酸（HEDP）盐、己二胺四亚甲基膦酸（HDTMPA）盐或二乙烯三胺五亚甲基膦酸（DTPMP）盐等之一或一种以上。

缓冲剂包括碳酸盐、羧酸盐或硼酸盐等之一或一种以上。碳酸盐包括碳酸钠、碳酸钾、碳酸铵或碳酸氢铵等之一或一种以上；羧酸盐包括乙二胺四乙酸盐、柠檬酸盐、酒石酸盐、葡萄糖酸盐、琥珀酸盐或马来酸盐等之一或一种以上；硼酸盐包括硼酸钠或硼酸铵等之一或一种以上。

腐蚀抑制剂包括有机胺和/或磷酸酯等。有机胺包括三乙醇胺（TEA）、二戊胺（DPA）、癸胺（DA）和十二烷基胺（DDA）等之一或一种以上。磷酸酯包括多元醇磷酸酯（如肌醇六磷酸酯或其盐）、咪唑啉磷酸酯等之一或一种以上。

表面活性剂包括阴离子表面活性剂和/或非离子表面活性剂。阴离子表面活性剂包括烷基硫酸盐、烷基磺酸盐、烷基苯磺酸盐或脂肪醇磷酸酯盐等之一或一种以上；非离子表面活性剂包括脂肪醇聚氧乙烯醚、烷基酚聚氧乙烯醚、脂肪酸聚氧乙烯酯、聚氧乙烯烷醇酰胺或失水山梨醇脂肪酸酯等之一或一种以上。

产品应用　本品主要用于各种铝合金工件的表面清洗，使用质量分数3%。

无硅高效脱脂液pH值范围为10~12，工作温度为40~60℃，优选pH值为10.5~11.5，优选工作温度为45~55℃。

产品特性　本产品快捷高效，具有优良的去污清洁能力。

配方74　铝合金用酸性脱脂液

原料配比

原料		配比（质量份）			
		1#	2#	3#	4#
浓硫酸		100	110	150	130
氟化氢铵		3	4	3	6
柠檬酸		0.5	3	3.5	4
硝酸钠		1.5	1	1.5	2
硫酸铁		8	0.75	1.5	1
二丙二醇		2	1.3	1	2
表面活性剂	十二烷基苯磺酸钠	0.25	—	—	0.1
	辛基酚聚氧乙烯醚	—	0.5	—	—
	壬基酚聚氧乙烯醚	—	—	0.4	—
水		加至1000			

制备方法

（1）首先，在槽中加入 1/2 体积的水，在搅拌下缓慢加入配比量的浓硫酸，冷却至 40℃；

（2）其次，依次加入配比量的氟化氢铵、柠檬酸、硝酸钠、硫酸铁、二丙二醇和表面活性剂，搅拌至完全溶解；

（3）最后，加水至规定体积，搅拌均匀。

产品应用　本品是一种铝合金用酸性脱脂液。

产品特性

（1）本产品以硫酸为基液，辅以其他添加剂，在室温条件下，即可获得良好的脱脂效果。本脱脂剂含氧化剂、表面活性剂、高价金属离子等成分，对铝金属有弱浸蚀能力，长期使用脱脂性能稳定可靠。

（2）经本产品酸性脱脂液处理的铝合金表面呈现金属本色、平整光亮，油污和氧化膜全部除净，水洗后水膜连续、完整，表面完全润湿，不挂水珠，无黑色挂灰和过腐蚀现象。再进入酸腐蚀槽，酸腐蚀后的工件表面已看不到挤压纹和机械擦痕，表面均匀、无光、无黑色挂灰，再经 30~60s 碱性除灰后，表面细腻，无光均匀，无过腐蚀现象。

（3）酸蚀脱脂工艺将脱脂、碱蚀、除污出光等工序一次性完成，与分槽处理工艺相比，简化工序，减少占地面积和设备投资，节约化工原料和清洗用水。

（4）常温使用，槽液不需要加热，节省能源，无酸雾挥发，不污染工作环境。能抑制酸性物质对不锈钢设备和厂房的侵蚀，延长清洗设备和厂房的使用寿命。

（5）清除油污能力强，脱除氧化膜速度快，缓蚀效率高，铝材溶解损耗量少。

（6）溶液性能稳定，沉淀物少，管理维护方便，槽液可连续循环使用期长，每槽可用 1 年以上。

配方 75　铝及铝合金工件电解脱脂清洗剂

原料配比

原料	配比（质量份）	
	1#	2#
无水碳酸钠	30	20
磷酸三钠	10	20
无水硅酸钠	10	5
葡萄糖酸钙	5	10
耐强碱电解脱脂专用低泡表面活性剂	6	3
渗透剂 JFC	1	2
水	加至 100	

制备方法 将计算称量的水加入反应釜中，开动搅拌器，控制转速120r/min，然后将计算称量的无水碳酸钠、磷酸三钠、无水硅酸钠、葡萄糖酸钙、耐强碱电解脱脂专用低泡表面活性剂及渗透剂JFC依次徐徐加到反应釜中，边加入边搅拌，直至溶液呈透明液体，放料包装。

原料介绍 所用原料均为市售产品，其中耐强碱电解脱脂专用低泡表面活性剂产品型号为QYL-30。

产品应用 本品主要是一种不腐蚀电解清洗设备，可迅速、彻底除去铝及铝合金工件表面油脂的铝及铝合金工件电解脱脂清洗剂。

将本产品按质量分数3%~4%配制工作液，电解温度为30~40℃，阳极电流密度1~2A/dm²，电解脱脂5~20s。

产品特性 本产品不腐蚀电解清洗设备，可迅速、彻底除去铝及铝合金工件表面油脂。

配方76 铝及其合金阳极氧化前处理的脱脂剂

原料配比

原料	配比（质量份）
硫酸	8
磷酸	9
硝酸	7
氢氟酸	7
表面活性剂	1.5
过硫酸钠	3.5
水	加至1000

制备方法

（1）需要配制脱脂剂总体积的90%的水；

（2）依次间隔5min，将硫酸、磷酸、硝酸、氢氟酸边搅拌边缓慢注入溶液中；

（3）静置片刻，将表面活性剂和过硫酸钠依次缓慢投入；

（4）再添加水至需要配置的脱脂剂总体积；

（5）充分搅拌后即可使用。

产品应用 本品主要用作铝及其合金材料阳极氧化前处理的脱脂剂。

使用时，在槽内配制所述脱脂剂，加热槽液温度达到40℃后，对产品进行清洗，新配制的槽液温度不超过55℃，清洗时间控制在15s左右。

产品特性 本产品不但能够消除传统工艺带来的不足，而且容易控制，不易破坏基材。本产品长期使用后，不需要更换槽液，只需要添加经过分析后需要成分的量即可，大大节约了生产成本。

配方 77　镁及镁合金工件电解脱脂清洗剂

原料配比

原料	配比（质量份）	
	1#	2#
无水偏硅酸钠	10	5
碳酸氢钠	5	10
磷酸氢二钠	10	5
三聚磷酸钠	5	10
葡萄糖酸钠	10	5
耐强碱电解脱脂专用低泡表面活性剂	4	8
渗透剂 JFC	2	1
水	加至100	

制备方法　将水加入反应釜中，开动搅拌器，控制转速120r/min，然后将计算称量的无水偏硅酸钠、碳酸氢钠、磷酸氢二钠、三聚磷酸钠、葡萄糖酸钠、耐强碱电解脱脂专用低泡表面活性剂及渗透剂 JFC 依次徐徐加入反应釜中，边加入边搅拌，直至溶液呈透明液体，放料包装。

原料介绍　所用原料均为市售产品，其中耐强碱电解脱脂专用低泡表面活性剂产品型号为 QYL-30。

产品应用　将本产品按质量分数3%~6%配制工作液，电解温度为40~50℃，阳极电流密度1~3A/dm²，电解脱脂10~20s。

产品特性　本产品不腐蚀电解清洗设备，可迅速、彻底除去镁及镁合金工件表面油脂。

配方 78　镍合金工件电解脱脂清洗剂

原料配比

原料	配比（质量份）	
	1#	2#
氢氧化钾	1~3	2
碳酸钾	1~3	2
焦磷酸钾	1~3	2
三聚磷酸钠	1~5	3

续表

原料	配比（质量份）	
	1#	2#
亚硝酸钠	1~6	4
渗透剂 JFC	0.1~1.0	0.5
耐强碱电解脱脂专用低泡表面活性剂	1~3	2
电解脱脂专用低泡表面活性剂	1~3	2
有机硅消泡剂	1~4	3
水	加至100	

制备方法 将水加入反应釜中，开动搅拌器，控制转速 120r/min，然后将计算称量的氢氧化钾、碳酸钾、焦磷酸钾、三聚磷酸钠、亚硝酸钠、渗透剂 JFC、耐强碱电解脱脂专用低泡表面活性剂、电解脱脂专用低泡表面活性剂、有机硅消泡剂依次徐徐加入反应釜中，边加入边搅拌，直至溶液呈浅黄色透明液体，放料包装。

原料介绍 所用原料均为市售产品，其中耐强碱电解脱脂专用低泡表面活性剂、电解脱脂专用低泡表面活性剂产品型号分别为 QYL-30、Y-61。

产品应用 使用时，将本产品按质量分数 6%~8% 配制工作液，电解温度为 40~60℃，先阴极电解脱脂 1~3min，阳极电流密度为 1~2A/dm²，后阳极电解脱脂 6~8min，阳极电流密度为 1~2A/dm²。

产品特性 本产品不腐蚀电解清洗设备，可迅速、彻底除去镍合金工件表面油脂。

配方79 镍及镍合金工件电解脱脂清洗剂

原料配比

原料	配比（质量份）	
	1#	2#
氢氧化钾	20	10
氢氧化钠	10	20
碳酸钾	20	10
磷酸三钠	5	10
硝酸钾	10	5
耐强碱电解脱脂专用低泡表面活性剂	4	8
渗透剂 JFC	2	1
水	加至100	

制备方法　将水加入反应釜中，开动搅拌器，控制转速 120r/min，然后将计算称量的氢氧化钾、氢氧化钠、碳酸钾、磷酸三钠、硝酸钾、耐强碱电解脱脂专用低泡表面活性剂及渗透剂 JFC 依次徐徐加入反应釜中，边加入边搅拌，直至溶液呈透明液体，放料包装。

原料介绍　所用原料均为市售产品，其中耐强碱电解脱脂专用低泡表面活性剂产品型号为 QYL-30。

产品应用　使用时，将本产品按质量分数 5% ~6% 配制工作液，电解温度为 50~60℃，阳极电流密度 DA＝1~4A/dm²，电解脱脂 10~30s。

产品特性　本产品不腐蚀电解清洗设备，可迅速、彻底除去镍及镍合金工件表面油脂。

配方 80　喷淋型常温高效脱脂剂

原料配比

原料	配比（质量份）		
	1#	2#	3#
氢氧化钾	0.1	0.8	0.5
氢氧化钠	1.5	0.5	1.0
无水偏硅酸钾	10	15	13
三聚磷酸钠	15	10	12
十水硼砂	1	8	5
碳酸钠	53	15	30
葡萄糖酸钠	1	4	2
JFC	1.3	0.5	0.8
Y-36 喷淋脱脂专用低泡表面活性剂	0.1	0.6	0.4
Y-39 喷淋脱脂专用低泡表面活性剂	0.6	0.1	0.4
消泡剂（MS-575）	0.1	0.2	0.15
水	加至 100		

制备方法　先将水加入反应釜中，启动搅拌器，控制转速 60r/min，然后将计算称量的碳酸钠、三聚磷酸钠、十水硼砂、葡萄糖酸钠、无水偏硅酸钾、氢氧化钾、氢氧化钠、JFC、Y-36 喷淋脱脂专用低泡表面活性剂、Y-39 喷淋脱脂专用低泡表面活性剂、消泡剂依次徐徐加入反应釜中，直至将全部粉体原料和液体原料搅拌均匀为止。

产品应用　本品是一种成本低、脱脂效果好的喷淋型常温高效脱脂剂。

使用时，用水将产品按质量分数为 5% 配制工作液，按照现有工艺流程进行清洗，其中预脱脂、主脱脂、助脱脂均为常温条件，0.12MPa 喷淋时间 120s。

产品特性 本产品在整个清洗过程中，无须加热，只需常温下喷淋清洗即可彻底且快速除去工件表面的油脂等，节省了电能，降低了清洗成本。

配方 81   喷淋型酸性常温脱脂剂

原料配比

原料	配比（质量份）	
	1#	2#
磷酸	10～50	30
柠檬酸	1～3	2
QYL－210 酸性脱脂除锈专用表面活性剂	1～5	3
Y50 酸性脱脂除锈专用表面活性剂	1～6	4
渗透剂 JFC	0.1～0.6	0.4
有机硅消泡剂	1～4	2
水	加至100	

制备方法 将水加入反应斧中，开动搅拌器，控制转速 60r/min，再将计算称量的磷酸、柠檬酸、QYL－210 酸性脱脂除锈专用表面活性剂、Y50 酸性脱脂除锈专用表面活性剂、渗透剂 JFC、有机硅消泡剂依次细流徐徐加入反应釜中，搅拌至溶液呈透明状液体，放料包装。

原料介绍 所述酸性脱脂除锈专用表面活性剂是市售的产品，产品型号分别是 QYL－210、Y50。

产品应用 本品是一种成本低、操作简单、脱脂效果好的喷淋型酸性常温脱脂剂。

使用时，加水按质量分数 10% 配制工作液，喷淋压力 0.1～0.12MPa，喷淋时间 2～3min。

产品特性 本产品只在常温下喷淋 2～3min，即可达到理想的脱脂效果，具有省时省力、无须加热、节省电能等优点。

配方 82   普通金属制品用脱脂清洗剂

原料配比

原料		配比（质量份）		
		1#	2#	3#
混合碱溶液	碳酸氢钠和氢氧化钠按照质量比 4∶1 配制而成的，质量分数为 55% 的去离子水溶液	30	—	—
	碳酸氢钠和氢氧化钠按照质量比 3.5∶0.8 配制而成的，质量分数为 45% 的去离子水溶液	—	26	—

续表

原料		配比（质量份）		
		1#	2#	3#
混合碱溶液	碳酸氢钠和氢氧化钠按照质量比3∶0.7配制而成的，质量分数为42%的去离子水溶液	—	—	12
	次氯酸钠	5	4	2
表面活性剂溶液	NP系列、脂肪酸甲酯乙氧基化物（FMEE）、异构十三碳醇乙氧基化合物、RF系列表面活性剂中的四种混合物按照质量比1∶0.7∶0.3∶0.6配制而成的质量分数为8%的去离子水溶液	3	—	—
	NP系列、脂肪酸甲酯乙氧基化物（FMEE）和异构十三碳醇乙氧基化合物按照质量比1∶0.9∶0.8配制而成的质量分数为8%的去离子水溶液	—	3.5	—
	NP系列、脂肪酸甲酯乙氧基化物（FMEE）和异构十三碳醇乙氧基化合物按照质量比1∶0.9∶0.8配制而成的质量分数为8%的去离子水溶液	—	—	2
螯合助剂	乙二胺四乙酸（EDTA）	0.1	0.1	—
	三乙醇胺	—	—	0.1
抗菌剂	磷酸二氢铵	3	—	—
	碳酸钙	—	2.5	1

制备方法 将各组分原料混合均匀即可。

产品应用 本品主要用于对普通金属制品大件的表面处理。

产品特性 本产品使用条件较为温和，成本较低，原材料来源广泛。

配方83 清除航空管表面油污用脱脂剂

原料配比

原料	配比（质量份）						
	1#	2#	3#	4#	5#	6#	7#
氢氧化钠	90	80	80	50	65	100	75
碳酸钠	40	45	40	30	50	25	20
十二水磷酸钠	30	30	40	20	35	20	10
硅酸钠	15	30	20	20	25	10	30
洗涤剂	1.5	2	3	2	4	5	1
缓蚀剂	3	1	1	1.5	3.5	5	4
水	加至1000						

制备方法 将各组分溶于水混合均匀即可。

原料介绍 所述洗涤剂为十二烷基苯磺酸钠。所述缓蚀剂为硫脲。

产品应用 本品是一种清除航空管表面油污用的脱脂剂。

产品特性

（1）本产品原料易得，处理时需要的温度不高，成本低，保存时间长，性能稳定，对环境不产生污染，去除航空管油污能力更彻底，能有效防止航空管产生晶间腐蚀，提高航空管的质量及成材率，从而提高经济效益。

（2）本产品通过对碱、洗涤剂和缓蚀剂等组分的合理选择和组合，达到最佳的协同效应，来提高脱脂溶液对金属表面油污的润湿、渗透、卷离和扩散作用，提高脱脂效果，并使脱脂液稳定，延长使用寿命，降低航空管的加工成本。随着脱脂剂各成分浓度的增大，脱脂效果提高，脱脂时间缩短。

配方84 弱碱性环保铝材表面脱脂剂

原料配比

原料	配比（质量份）		
	1#	2#	3#
辛基酚聚氧乙烯醚	4	5	5.5
十二烷基苯磺酸钠	7	6	6.5
脂肪醇聚氧乙烯醚硫酸酯钠盐	3.5	3	3.5
硅酸钠	1.6	1	1.5
碳酸钠	4	4	4.5
正丙醇	6	5	5
水	72.9	76	73.5

制备方法

（1）将十二烷基苯磺酸钠溶解于水；

（2）将碳酸钠溶解于步骤（1）获得的液体中；

（3）将脂肪醇聚氧乙烯醚硫酸酯钠盐溶解于步骤（2）获得的液体中；

（4）将硅酸钠溶解于步骤（3）获得的液体中；

（5）将辛基酚聚氧乙烯醚放入正丙醇中，然后将步骤（4）获得的液体加入辛基酚聚氧乙烯醚和正丙醇的混合物中，搅拌，即可得到成品。

产品应用 本品是一种弱碱性环保铝材表面脱脂剂。

使用方法：将铝材浸泡于本产品脱脂剂中，浸泡时间为 5～10min，浸泡温度为 20～50℃。

产品特性

（1）本产品对铝材腐蚀性小，pH 温和，对人体皮肤无强烈腐蚀作用，使用安全。使用时稀释 5~15 倍，在常温（25℃）下，其除油率达 60%，在 50℃ 条件下，除油率达 99%。

（2）本产品生物降解性高，对环境无污染，环保安全。

配方 85　生物复配型脱脂剂

原料配比

原料		配比（质量份）	
		1#	2#
微生物组分	动胶杆菌	2.6（体积份）	5.5（体积份）
	莫海威芽孢杆菌	4.5（体积份）	9（体积份）
	粘草芽孢杆菌	2.2（体积份）	4.5（体积份）
	黏质沙雷氏菌	3.5（体积份）	7（体积份）
化学组分	脂肪醇聚氧乙烯醚磺酸盐	2	4
	壬基酚聚氧乙烯醚	5	10
	脂肪醇聚氧烷基醚	4	8
	脂肪醇聚氧乙烯醚	2.5	5
	壬基酚聚氧乙烯醚硫酸钠	2	4
	偏硅酸钠	2.5	5
	异丙醇	3	6
	乙二胺四乙酸二钠	0.1	0.2
	水	加至 1000	

制备方法　将各组分原料混合均匀即可。

产品应用　本品是一种生物复配型脱脂剂。本脱脂剂的脱脂温度为 20~45℃，脱脂时间为 3~10min，pH 值为 7~9。

产品特性

（1）本配方中的化学组分可起到润滑、渗透、卷离、乳化、增溶等作用，从而能够先期处理金属表面上的油污，然后依靠微生物组分分解水中被乳化的油污，使金属表面脱脂过程高效、经济、环保化；

（2）本脱脂剂脱脂范围广，能够有效分解金属表面常见的切削油、防锈油、冲压油、润滑油、动物油等多种混合油污，脱脂效率高，去污能力强，生物可降解，低泡、低碱、无磷、无污染，使用安全，原料易购，配制方法简单，使用方便。

配方 86　生物脱脂剂

原料配比

原料		配比/（g/L）		
		1#	2#	3#
A 组分	烷基酚聚氧丙烯醚	4.5	4	6
	脂肪醇聚氧烷基醚	4	4	5
	脂肪醇聚氧乙烯醚	3	3	4
	十二烷基磺酸钠	3	2	4
	异丙醇	3	2	3.5
	乙二胺四乙酸二钠	0.1	0.1	0.2
	硅酸钠	5	4	6
	水	加至 1L		
B 组分	琼脂	4	3	5
	葡萄糖	3	2	4
	蛋白胨	0.8	0.5	1
	碳酸钙	0.4	0.2	0.5
	硫酸锌	0.6	0.5	0.8
	维生素 E	1.5mg/L	1mg/L	2mg/L
	芽孢杆菌	50 亿单位/L	50 亿单位/L	50 亿单位/L
	水	加至 1L		

制备方法

（1）A 组分的配制方法：

①取少量的水，首先将异丙醇和水充分混溶；

②再将已经称好的烷基酚聚氧丙烯醚、脂肪醇聚氧烷基醚、脂肪醇聚氧乙烯醚、十二烷基磺酸钠等活性剂依次加入到步骤①的异丙醇水溶液中，缓慢搅拌；

③等泡沫消除后加入乙二胺四乙酸二钠、硅酸钠，搅拌均匀；

④最后加水调至 1L，充分搅拌即可。

（2）B 组分的制备方法：取适量的水，依次加入琼脂、葡萄糖、蛋白胨、碳酸钙、硫酸锌、维生素 E 等营养物质，然后按配方要求加入芽孢杆菌，再用 Tris – HCl 缓冲液调节混合液的 pH = 7 ~ 8，最后加水至 1L，搅拌均匀即可。

产品应用　本品是一种生物脱脂剂。

使用方法：根据生产线工作液带出量和工件含油量确定使用脱脂剂的量，首先清洗干净空槽，然后根据实际需要量将 A 组分倒入干净的槽内，再加入 B 组分，其中，A 组分与 B 组分的质量比为 10∶1，搅拌均匀后即可进入正常的除油工作。

产品特性　本产品对金属表面进行脱脂时，活性剂在金属机体表面的吸附作用少，金属的后续加工方便，延长了脱脂槽液的使用寿命。本产品的生物脱脂剂在配方中，采用多种活性剂复配，同时引入了芽孢杆菌，最大限度地降低活性剂与金属机体的吸附，降低了对后续工序的不良影响，延长了槽液的使用寿命，节约了成本，提高了工作效率。

配方 87　适用于喷淋脱脂的脱脂剂

原料配比

原料	配比（质量份）			
	1#	2#	3#	4#
磷酸盐	350	300	400	375
碳酸盐	250	250	270	250
聚甲基硅氧烷	11	12	12	12
十二烷基硫酸钠	74	60	60	60
烷基二乙醇酰胺	30	30	30	30
AES 醇醚硫酸	20	20	20	20
苯甲酸钠	15	15	15	15
高级醇	15	15	15	15

制备方法　将按照比例称量完的磷酸盐、碳酸盐、聚甲基硅氧烷、十二烷基硫酸钠、烷基二乙醇酰胺、AES 醇醚硫酸、苯甲酸钠和高级醇搅拌均匀。使用时浓度为 50g/L，时间为 10 ~ 25min，效果很好。

产品应用　本品是一种适用于喷淋脱脂的脱脂剂。使用时将其稀释为原浓度的 1% ~ 5% 使用。

产品特性　本产品脱脂效果明显，能在常温条件下除去钢铁表面的防锈油，还能保证喷淋脱脂槽液及设备不因脱脂及泡沫而损坏，不仅可以降低生产成本，还可以节省大量能源，产生显著的环境效益，同时消泡性能好和脱脂清洁能力强。

配方 88　水基金属脱脂清洗剂

原料配比

原料	配比（质量份）
复合表面活性剂	25
助洗剂	8
缓蚀剂	3
抗硬水剂	0.2
消泡剂	0.1
水	加至 100

制备方法　将各组分原料混合均匀即可。

原料介绍　所述复合表面活性剂为 LAS（烷基苯磺酸钠）、AEO-9（脂肪醇聚氧乙烯醚）和 TX-10（烷基酚聚氧乙烯醚）以质量比 1:2:1 进行复配的混合物。所述缓蚀剂为苯并三氮唑（BTA）和苯并咪唑（BIA）以质量比 1:1 进行复配的混合物。所述助洗剂为 4A 沸石、偏硅酸钠和碳酸钠以质量比 1:1:1 进行复配的混合物。

所述抗硬水剂为 EDTA 二钠盐和柠檬酸中的一种或两种。

所述消泡剂为聚醚改性有机硅消泡剂。

产品应用　本品主要应用于金属零件的表面清洗。

产品特性

（1）本产品通过采用多种表面活性剂复配及无机助洗剂作为基本组分生成一种高效低泡型金属清洗剂，具有去污能力强、对金属无腐蚀、清洗后具有一定的防锈能力的作用。本清洗剂中不含磷和亚硝酸盐等有害物质，实现了金属零件清洗的高效和环保。

（2）本清洗剂具有清洗质量好、效率高的特点，经清洗后的零件表面洁净。

配方 89　水基强力脱脂剂

原料配比

原料		配比（质量份）							
		1#	2#	3#	4#	5#	6#	7#	8#
表面活性剂	辛基酚聚氧乙烯（8）醚	25	—	—	—	—	—	—	—
	十二烷基酚聚氧乙烯（10）醚	—	35	—	—	—	—	—	—
	癸基酚聚氧乙烯（10）醚	—	—	—	35	—	—	—	—
	十二烷基酚聚氧乙烯（12）醚	—	—	—	—	10	—	—	—

续表

原料		配比（质量份）							
		1#	2#	3#	4#	5#	6#	7#	8#
表面活性剂	壬基酚聚氧乙烯（12）醚	—	—	—	—	—	20	—	—
	辛醇聚氧乙烯（10）醚	—	—	—	—	—	—	15	15
	壬基酚聚氧乙烯（10）醚	—	—	—	—	—	—	—	15
	月桂醇聚氧乙烯（12）醚	—	—	—	—	20	—	—	—
	十六烷醇酰胺	—	—	30	—	—	—	—	—
	椰子油烷基醇酰胺	—	—	—	—	—	—	12	15
溶剂	$C_8 \sim C_{12}$碳氢溶剂	—	20	—	—	15	—	8	8
	松节油	22	—	—	15	—	20	12	—
	萜烯	—	—	20	10	—	—	—	12
	水	53	45	50	40	55	48	50	50

制备方法 将上述原料搅拌混合均匀即可。

产品应用 本品是一种水基强力脱脂剂。

将经过焊接的电路板浸入上述制成的脱脂剂中，5min 后用纯水漂洗，物件表面呈均匀、连续的水膜。清除油脂效率可达到99%以上，对电路板性能无任何影响。

产品特性

（1）产品所形成的微乳液在一定温度范围内是稳定的，可永久放置而不分层，始终保持透明状态。将水基清洗剂的性能特点和溶剂型清洗剂的性能特点合二为一，具有不易燃、气味小、适应性强、清洗范围广，即稳定又安全、性价比更高的特点。

（2）本产品将憎水性溶剂与水溶性化合物配伍成澄清均匀的液体，实现憎水性溶剂和水溶性物质的分子层面上的真正融合，提高产品性能及产品外观质量。

配方90 酸性常温脱脂剂

原料配比

原料	配比（质量份）						
	1#	2#	3#	4#	5#	6#	7#
直链烷基苯磺酸钠	20	10	25	27	30	35	50
三聚磷酸钠	110	50	80	150	120	100	110
仲烷基磺酸钠	15	15	30	20	10	5	15

原料	配比（质量份）						
	1#	2#	3#	4#	5#	6#	7#
六亚甲基四胺	2	2	5	4	3	1	3
α-烯烃磺酸盐	20	10	30	15	20	28	10
烷醇酰胺	5	15	10	30	20	25	15
EDTA	1	0.5	5	4	3	2	4
十二烷基硫酸钠	5	6	1	2	3	4	8
水	加至 1000						

制备方法 将所需配制的酸性常温脱脂剂的 1/3 质量的水加热到 60～70℃，倒入搅拌釜中，在转速为 40～100r/min 的条件下分别把直链烷基苯磺酸钠（LAS）、仲烷基磺酸盐（SAS）、三聚磷酸钠、六亚甲基四胺、α-烯烃磺酸盐（AOS）、烷醇酰胺、EDTA、十二烷基硫酸钠按上述配比加入搅拌釜中溶解，加入无先后次序，最后将水加到所需质量范围充分搅拌均匀。

产品应用 本品主要用作钢铁材料表面处理的酸性常温脱脂剂。

产品特性 酸洗除油一步完成，对后道工序如磷化、发黑、涂装等采用本产品清洗就能达到质量要求，而且工件浸泡时间长也不腐蚀（含有抑制剂）。对要求质量高的镀层，可在本道工序后加一道化脱工序，就能完全满足各种电镀层要求。槽液由于加入高泡剂因此表面泡沫较多，可抑制酸液挥发，减轻环境污染和对人体的伤害。

配方91　钛及钛合金工件电解脱脂清洗剂

原料配比

原料	配比（质量份）	
	1#	2#
氟化钾	15	5
氟化钠	5	15
氢氧化钾	20	10
氢氧化钠	10	20
磷酸三钠	9	9
耐强碱电解脱脂专用低泡表面活性剂	8	4
渗透剂 JFC	1	2
水	加至 100	

制备方法　将水加入反应釜中，开动搅拌器，控制转速120r/min，然后将计算称量的氟化钾、氟化钠、氢氧化钾、氢氧化钠、磷酸三钠、耐强碱电解脱脂专用低泡表面活性剂及渗透剂 JFC 依次徐徐加入反应釜中，边加入边搅拌，直至溶液呈透明液体，放料包装。

原料介绍　所用原料均为市售产品，其中耐强碱电解脱脂专用低泡表面活性剂产品型号为 QYL-30。

产品应用　本品是一种钛及钛合金工件电解脱脂清洗剂，使用时，将本产品按质量分数 5% 配制工作液，电解温度为 50~60℃，阳极电流密度 DA = 1~4A/dm²，电解脱脂 10~30s。

产品特性　本产品可迅速、彻底除去钛及钛合金工件表面油脂。

配方92　碳钢磷化处理后脱脂剂

原料配比

原料	配比（质量份）
OP-10	1.5
AEO-7	1.5
十二烷基苯磺酸钠	0.75
磷酸二氢钠	0.011
有机硅消泡剂	0.02
水	96.219

制备方法　在适量水中加入 OP-10、AEO-7 后搅拌均匀；间隔 10~15min 后，继续加入十二烷基苯磺酸钠、磷酸二氢钠、有机硅消泡剂后搅拌均匀；间隔 10~15min 后，继续加入剩余量的水，搅拌均匀后即得。

产品应用　本品是一种碳钢磷化处理后脱脂剂。

产品特性　本脱脂液 pH 呈弱碱性，对磷化成膜无不良影响。本产品成本低、效果好，脱脂速度快，使用寿命长，串槽无影响；低泡无毒，不燃不爆，使用安全。

配方93　铜合金管脱脂剂

原料配比

原料	配比（质量份）		
	1#	2#	3#
焦磷酸钾	10	25	18
三聚磷酸钠	12	24	19

原料	配比（质量份）		
	1#	2#	3#
烷基酚聚氧乙烯醚	8	20	14
苯并三氮唑	20	40	30
无水偏硅酸钠	10	18	14
水	100	240	170

制备方法

（1）将上述质量份的焦磷酸钾、三聚磷酸钠加入上述质量份的水中，在温度50~80℃条件下搅拌均匀，获得A溶液；

（2）在上述获得的A溶液中，加入上述质量份的烷基酚聚氧乙烯醚和苯并三氮唑，保持上述温度持续搅拌均匀，获得B溶液；

（3）将步骤（2）中获得的B溶液降温至30~50℃，持续搅拌，并加入上述质量份的无水偏硅酸钠，搅拌均匀后，降温至室温，获得本品。

产品应用 本品主要用于机械、仪器、仪表、设备、管道等表面的植物油、矿物油等的去除，尤其适用于铜合金材料的脱脂去污。

产品特性 本产品具有极强的清洗力，清洗力（4%，70℃）实验达到99%以上；腐蚀性弱，对铜合金的腐蚀性实验外观均为0级，腐蚀铜合金量为0.5mg。本品不仅脱脂效率高，缓蚀性好，生产成本低，而且药效时间长，操作简单。

配方94 铜及其合金电镀前处理的脱脂剂

原料配比

原料	配比（质量份）				
	1#	2#	3#	4#	5#
脂肪酸甲酯磺酸钠	12	15	20	25	35
十二烷基醇聚氧乙烯醚	8	10	14	18	25
碳酸钠	12	15	20	25	30
碳酸氢钠	8	10	12	15	20
硝酸钠	6	8	11	13	19
过硫酸钠	5	7	9	12	18
氢氧化钠	2	4	6	8	10
水	30	35	40	50	65

制备方法

（1）在反应釜中加入水，升温至45~60℃，依次加入碳酸钠、碳酸氢钠、硝酸钠、过硫酸钠、氢氧化钠粉末，充分搅拌混合均匀，搅拌器转速为450～600r/min。

（2）将脂肪酸甲酯磺酸钠、十二烷基醇聚氧乙烯醚加入水中，在温度为35～60℃条件下，搅拌混合均匀。

（3）将步骤（2）得到的溶液加入步骤（1）获得的溶液中，流速为0.14～0.35m/s，反应釜内温度为35～60℃，边加入边搅拌，搅拌器转速为450～600r/min；将步骤（2）所获得的溶液完全加入步骤（1）获得的溶液中后，搅拌器继续搅拌30～50min。

（4）将步骤（3）制得的溶液封装，并置于20～55℃条件下备用。

产品应用　本品是一种铜及其合金电镀前处理的脱脂剂。

产品特性

（1）彻底清除铜及其合金表面的油脂或矿物油；

（2）废液易于清洗且对环境不会造成污染。

配方95　铜及铜合金工件电解脱脂清洗剂

原料配比

原料	配比（质量份）	
	1#	2#
无水碳酸钠	40	30
氢氧化钠	3	8
氢氧化钾	8	3
磷酸三钠	10	20
硝酸钠	6	3
耐强碱电解脱脂专用低泡表面活性剂	3	6
渗透剂 JFC	2	1
水	加至100	

制备方法　将水加入反应釜中，开动搅拌器，控制转速120r/min，然后将计算称量的无水碳酸钠、氢氧化钠、氢氧化钾、磷酸三钠、硝酸钠、耐强碱电解脱脂专用低泡表面活性剂及渗透剂 JFC 依次徐徐加入反应釜中，边加入边搅拌，直至溶液呈透明液体，放料包装。

原料介绍　所用原料均为市售产品，其中耐强碱电解脱脂专用低泡表面活性剂产品型号为 QYL-30。

产品应用　使用方法：将本产品按质量分数5%～10%配制工作液，电解温度为40～50℃，阳极电流密度 DA = 1～3A/dm^2，电解脱脂5～15s。

产品特性　本产品不腐蚀电解清洗设备,可迅速、彻底除去铜及铜合金工件表面油脂。

配方96　涂层钢板生产用脱脂剂

原料配比

原料		配比（质量份）				
		1#	2#	3#	4#	5#
非离子表面活性剂	蔗糖脂肪酸酯	2	10	—	9	7
	烷基糖苷	10	—	15	4	7
添加剂	聚乙二醇	5	8	10	7	6
缓蚀剂	硅酸钠	6	—	—	—	4
	钼酸钠	—	5	—	3	—
	苯甲酸钠	—	—	5	—	—
水基脱脂清洗剂	碳酸钠	47	25	45	37	50
	硼酸钠	—	—	—	40	26
	氢氧化钠	30	25	25		

制备方法　将各组分混合均匀即可。

产品应用　本品是一种涂层钢板生产用脱脂剂,适用温度范围为40～55℃。

产品特性　本产品具有良好的除油除污效果,同时保护了涂层钢板生产用基板的镀锌层,保证其原有的耐蚀性能不被破坏,而减少脱脂剂的有害性,降低废水处理成本和能耗。

配方97　脱脂除油洗涤剂

原料配比

原料	配比（质量份）		
	1#	2#	3#
季戊四醇	5.2	4.3	6.2
二丙二醇单乙醚	6.3	5.1	7.3
椰油酰胺丙基氧化胺	4.3	3.4	5.3
磷酸纤维质正磷酸	5.5	4.4	7.5
十二烷基二甲基苄基氯化铵	8.4	7.3	10.4
表面活性剂	3.2	2.3	4.2
乙醇胺和三乙醇胺混合物	4.4	3.7	5.4

制备方法　将各组分原料混合均匀即可。

产品应用　本品是一种脱脂除油洗涤剂。

产品特性　本产品具有经济高效的清洗效果，属浓缩型产品，可低浓度稀释使用；各成分经有效组合，产生了极好的协同增强作用效果，具有良好的脱脂除油、防锈效果，且平均清洗成本低；安全性能好，不污染环境，节约能源；洗涤过程对金属设备无损伤，洗后对金属设备不腐蚀。

配方 98　低成本脱脂剂

原料配比

原料	配比（质量份）	
	1#	2#
纯碱	63	52
三聚磷酸钠	8	10
焦磷酸钠	8	10
五水偏硅酸钠	8	10
硼砂	2	3
有机硅消泡剂	0.5	1
葡萄糖酸钠	1.5	1
乳化剂 TX-10	2	3
乳化剂 OS	3	5
乳化剂 OP-10	4	5

制备方法　将所有物料按配比称好，然后依次将纯碱、三聚磷酸钠、焦磷酸钠、五水偏硅酸钠、硼砂、有机硅消泡剂、葡萄糖酸钠、乳化剂 TX-10、乳化剂 OS 和乳化剂 OP-10 加入双螺旋锥形混合机中。开启混合机，混合 30min 后关闭混合机，检查混合机的混合效果和混合物的总碱度以及游离碱度，如果检验合格的话，即可出料包装。

产品应用　本品主要用于钢板、铁皮、铝箔、铜材、铝合金等材料的脱脂。

产品特性　本脱脂剂产品具有脱脂效率高和缓蚀性好以及生产成本低的特点。

配方 99　无毒低腐蚀脱脂剂

原料配比

原料	配比（质量份）		
	1#	2#	3#
沸石	31	41	38
硅酸钠	18	23	10

原料	配比（质量份）		
	1#	2#	3#
葡萄糖酸钠	1	5	4
碳酸钠	8	12	12
TS－104	5	7	6
氢氧化钠	25.5	29.5	27
SN－03	1	7	3

制备方法　将上述各种原料按比例加入反应容器中，搅拌均匀即可制成所述脱脂剂。

产品应用　本品是一种脱脂剂。

产品特性　本产品不仅脱脂效果好，无毒腐蚀性小，而且药效时间长，方法简单，易于操作。

配方100　浓缩型脱脂剂

原料配比

原料	配比（质量份）	
	1#	2#
α－烯烃磺酸盐	2.5	3
水	2.5	3
直链烷基苯磺酸钠	2.5	3
十二水磷酸钠	20	15
十水四硼酸钠	12	13
五水偏硅酸钠	18	20
氢氧化钠	22	21
乙二胺四乙酸	2.5	2
仲烷基磺酸钠	3	3
碳酸钠	15	17

制备方法

（1）预溶：将上述配比量的α－烯烃磺酸盐用同质量的水稀释。

（2）预搅拌：将直链烷基苯磺酸钠、十二水磷酸钠、十水四硼酸钠、五水偏硅酸钠、氢氧化钠、乙二胺四乙酸、仲烷基磺酸钠、碳酸钠混合在一起，搅拌均匀。

（3）混溶：将步骤（1）所得溶液缓慢加入步骤（2）所得溶液中，充分搅拌得到脱脂剂成品。

（4）封装：将经步骤（3）混溶后乳化型脱脂剂进行封装，即可得到脱脂剂产品。

产品应用 本品是一种浓缩型脱脂剂。

产品特性 本产品在使用时经过 40 倍左右的稀释后，能彻底清除待处理材料表面的油脂或矿物油。

配方 101 脱脂剂组合物

原料配比

原料	配比（质量份）				
	1#	2#	3#	4#	5#
氢氧化钠	24	28	30	32	35
氢氧化铵	1	2	1	1	1
碳酸钠	2	1	2	2	2
磷酸钠	1	2	1	1	1
氧化胺	3	3	3	3	3
EDTA 二钠	1	1	1	2	1
表面活性剂	3	3	3	4	3
十二烷基苯磺酸钠	1	1	1	1	1
GPES 型消泡剂	1.5	1.5	1.5	1.5	1.5
水	加至 100				

制备方法 将各组分原料混合均匀即可。

原料介绍 所述表面活性剂是非离子表面活性剂与阴离子表面活性剂的复配物，阴离子表面活性剂为十二烷基苯磺酸钠和仲烷基磺酸钠中的一种或混合物。

产品应用 本品主要用于热镀锌线脱脂、轧钢表面处理。使用方法：按体积稀释 5 ~ 10 倍，用于热镀锌前的脱脂处理，脱脂液温度范围为 40 ~ 75℃，浸泡或喷淋处理 3 ~ 15min。

产品特性 本产品不含硅，避免了游离硅酸对操作人员皮肤的腐蚀，同时还有效防止游离硅酸黏附在被清洗表面成为不溶于水的膜。本产品能够适应较低的使用温度，在较低的温度下仍能保持足够的流动性，实现对被清洗表面的均匀覆盖。

配方 102　环保脱脂剂

原料配比

原料	配比（质量份）		
	1#	2#	3#
月桂醇聚氧乙烯醚硫酸钠	3	2	4
壬基酚聚氧乙烯醚	5	4	6
脂肪醇聚氧烷基醚	4.5	4	5
月桂醇聚氧乙烯醚	3.5	3	4
十二烷基硫酸钠	3	2	4
乙醇	2.5	2	0.12
乙二胺四乙酸四钠	0.1	0.1	3.5
碱性脂肪酶	1.5	1	2
水	加至 1000		

制备方法

（1）按配方比例将壬基酚聚氧乙烯醚、脂肪醇聚氧烷基醚、月桂醇聚氧乙烯醚、十二烷基硫酸钠等活性剂依次加入乙醇水溶液中，缓慢搅拌；

（2）泡沫消除后再加入乙二胺四乙酸四钠，搅拌均匀；

（3）用弱碱性缓冲液调节混合液的 pH 值至 9～10 时，再加入碱性脂肪酶；

（4）最后加水调至 1000 份，充分搅拌即可。

原料介绍　所述弱碱性缓冲液为碳酸钠和碳酸氢钠缓冲液。

产品应用　本品是一种脱脂剂。

产品特性　本产品对金属进行脱脂时，采用多种活性剂复配，最大限度地降低了活性剂与金属机体的吸附，便于金属的后续加工。同时本配方引入生物酶类活性物质，最大限度地减少了脱脂时间，提高了工作效率。本产品的脱脂剂脱脂时间短，废水可以直接排放，不污染环境。

配方 103　固体脱脂剂

原料配比

原料	配比（质量份）
磷酸三钠	38
硅酸钠	20
碳酸钠	10

续表

原料	配比（质量份）
十二烷基苯磺酸钠	2
氢氧化钠	29
辛基酚聚氧乙烯醚	1

制备方法 将各组分混合均匀即可。

产品应用 本品主要用于清洗金属表面。

产品特性 本产品药效持续时间长，成本较低，脱脂效果较好，可以对待脱脂表面进行有效的清洗。本脱脂剂配制方法简单，易于操作。本产品不仅可以应用在不锈钢表面脱脂中，而且对铜、表面镀镍等金属表面也可以进行脱脂。

配方 104　空分设备脱脂清洗剂

原料配比

原料	配比（质量份）
四氯乙烯	98.7
稳定剂	1
促进剂	0.3

其中：

原料		配比（质量份）
稳定剂	环氧己烯	20
	甲基环氧乙烷	25
	对三戊基苯酚	30
	无水乙醇	25
促进剂	三氯三氟乙烷	75
	乙酸聚氧乙烯酯	25

制备方法 将各组分原料混合均匀即可。

产品应用 本品主要用作清洗空分设备的脱脂清洗剂。

脱脂清洗剂的使用方法如下：

（1）将脱脂清洗剂注入需要清洗的设备。

（2）使脱脂清洗剂在设备内进行循环，循环流量为 $5 \sim 50 m^3/h$，循环压力为 $0.1 \sim 0.5 MPa$，循环温度为 $10 \sim 40 ℃$。

（3）测试脱脂清洗剂中的含油量，当含油量大于 350mg/L 时，将脱脂清洗剂排出，并在设备中注入新的脱脂清洗剂，重复步骤（2），直到设备中的脱脂清洗剂的含油量稳定地小于 350mg/L。

（4）将脱脂清洗剂排出设备。

（5）用压缩空气对设备进行吹扫，压缩空气的压力在 0.1 ~ 0.6MPa，当检测被吹扫出口的气体中，脱脂清洗剂的挥发分含量小于 300ug/g 时，停止吹扫。压缩空气的优选压力在 0.3 ~ 0.5MPa，被吹扫出口的气体中，脱脂清洗剂的优选挥发分含量小于 100ug/g。

（6）对设备进行气密性试验，将气体升压至设备设计压力的 1/2 后关紧阀门，用肥皂液涂抹各接口，若无泡沫产生，则接口密封性能良好，通过系统内设置的压力表检查压力变化，确定通道内完好。

产品特性　本产品对空分主板式换热器内油污的清洗具有针对性，产品的耐候性和稳定性好，无毒副作用，成本较低，清洁效果好，使用方便，能有效去除空分主板式换热器内的油污，成本较低，对环境和人体影响小。

配方 105　微生物脱脂剂

原料配比

原料		配比（质量份）
A 组分	脂肪醇聚氧乙烯醚硫酸钠	2 ~ 4
	壬基酚聚氧乙烯醚	4 ~ 6
	脂肪醇聚氧烷基醚	4 ~ 5
	脂肪醇聚氧乙烯醚	3 ~ 4
	月桂酸聚氧乙烯醚	2 ~ 3
	十二烷基硫酸钠	2 ~ 4
	异丙醇	2 ~ 3.5
	乙二胺四乙酸二钠	0.1 ~ 0.2
	偏硅酸钠	4 ~ 6
	水	加至 1L
B 组分	琼脂	3 ~ 5
	葡萄糖	2 ~ 4
	蛋白胨	0.5 ~ 1
	硫酸钙	0.2 ~ 0.5
	硫酸镁	0.5 ~ 0.8
	维生素 A	1 ~ 2mg/L
	芽孢杆菌	50 亿单位/L
	水	加至 1L

制备方法

（1）A组分的配制方法：

①取少量的水，首先将异丙醇和水充分混溶；

②再将已经称好的脂肪醇聚氧乙烯醚硫酸钠、壬基酚聚氧乙烯醚、脂肪醇聚氧烷基醚、脂肪醇聚氧乙烯醚、月桂酸聚氧乙烯醚、十二烷基硫酸钠等活性剂依次加入到步骤①的异丙醇水溶液中，缓慢搅拌；

③等泡沫消除后加入乙二胺四乙酸二钠、偏硅酸钠，搅拌均匀；

④最后加水调至1L，充分搅拌即可。

（2）B组分的制备方法：取适量的水，依次加入琼脂、葡萄糖、蛋白胨、硫酸钙、硫酸镁、维生素A等营养物质，然后按配方要求加入芽孢杆菌，再用Tris-HCl缓冲液调节混合液的pH=7~8，最后加水至1L，搅拌均匀即可。

产品应用　本品是一种微生物脱脂剂。

使用方法：根据生产线工作液带出量和工件含油量确定使用脱脂剂的量，首先清洗干净空槽，然后根据实际需要量将A组分倒入干净的槽内，再加入B组分，其中，A组分与B组分的质量比为10∶1，搅拌均匀后即可进入正常的除油工作。

产品特性　本产品的配方中，采用多种活性剂复配，同时引入了芽孢杆菌，最大限度地降低活性剂与金属机体的吸附，降低了对后续工序的不良影响，延长了槽液的使用寿命，节约了成本，提高了工作效率。

配方 106　微生物脱脂清洗剂

原料配比

原料		配比/（g/L）		
		1#	2#	3#
A组分	α-烯基磺酸钠	3.5	2	4
	壬基酚聚氧乙烯醚	5	4	6
	脂肪醇聚氧烷基醚	4.5	4	5
	脂肪醇聚氧乙烯醚	3.5	3	4
	十二烷基硫酸钠	3	2	4
	异丙醇	3	2	3.5
	乙二胺四乙酸四钠	0.15	0.1	0.2
	偏硅酸钠	5	4	6
	水	加至1L		
B组分	琼脂	4	3	5
	葡萄糖	3	2	4

续表

原料		配比/（g/L）		
		1#	2#	3#
B 组分	蛋白胨	0.7	0.5	1
	硫酸钙	0.4	0.2	0.5
	硫酸镁	0.6	0.5	0.8
	维生素 E	1.5mg/L	1mg/L	2mg/L
	芽孢杆菌	50 亿单位/L	50 亿单位/L	50 亿单位/L
	水	加至 1L		

制备方法

（1）A 组分的配制方法：

①取少量的水，首先将异丙醇和水充分混溶；

②再将已经称好的 α–烯基磺酸钠、壬基酚聚氧乙烯醚、脂肪醇聚氧烷基醚、脂肪醇聚氧乙烯醚、十二烷基硫酸钠等活性剂依次加入步骤①的异丙醇水溶液中，缓慢搅拌；

③等泡沫消除后加入乙二胺四乙酸四钠、偏硅酸钠，搅拌均匀；

④最后加水调至 1L，充分搅拌即可。

（2）B 组分的制备方法：取适量的水，依次加入琼脂、葡萄糖、蛋白胨、硫酸钙、硫酸镁和维生素 E，然后按配方要求加入脱脂微生物，再用 Tris–HCl 缓冲液调节混合液的 pH =7～8，最后加水至 1L，搅拌均匀即可。

产品应用　本品是一种微生物清洗剂。

使用方法：根据生产线工作液带出量和工件含油量确定使用脱脂剂的量，首先清洗干净空槽，然后根据实际需要量将 A 组分倒入干净的槽内，再加入 B 组分，其中，A 组分与 B 组分的质量比为 10：1，搅拌均匀后即可进入正常的除油工作。

产品特性　本产品配方中，采用多种活性剂复配，同时引入了脱脂微生物，最大限度地降低活性剂与金属机体的吸附，降低了对后续工序的不良影响，延长了槽液的使用寿命，节约了成本，提高了工作效率。

配方 107　无磷环保型粉状脱脂剂

原料配比

原料	配比（质量份）
氢氧化钾	0.5～1
碳酸钠	18～22
五水偏硅酸钠	30～40

续表

原料	配比（质量份）
代磷助剂	6～8
柠檬酸钠	2～4
亚硝酸钠	6～9
活性剂 QYL-10	6～9
活性剂 AEO-9	3～5
渗透剂 JFC	0.5～1
消泡剂	0.5～1

制备方法

（1）启动搅拌机，调整转速 30～40r/min；

（2）依次将计量的碳酸钠、五水偏硅酸钠、柠檬酸钠、代磷助剂、亚硝酸钠和氢氧化钾加入搅拌机中，每加一种原料搅拌至少 20min；

（3）将计量的消泡剂加入其中，搅拌均匀；

（4）依次将计量的活性剂 QYL-10、活性剂 AEO-9、渗透剂 JFC 加入搅拌机中，每加一种原料搅拌至少 20min。

产品应用　本品是一种脱脂效果好、易清洗、可满足后道工艺要求的无磷环保型粉状脱脂剂。

产品特性　将本产品用于金属工件（冷轧钢板、热镀锌板、电镀锌板、铝板等）的脱脂处理，均达到预期的脱脂效果，清洗能力可达 98.5%。

配方 108　无磷环保型水基脱脂剂

原料配比

原料		配比（质量份）
A 剂		3～5
B 剂		1～3
A 剂	碳酸钠	2～4
	五水偏硅酸钠	2～4
	柠檬酸钠	2～4
	亚硝酸钠	3～7
	拉开粉	0.5～1
	三乙醇胺	3～5
	消泡剂	0.1～0.3
	水	加至 100

原料		配比（质量份）
B 剂	氢氧化钾	0.5~1.8
	活性剂 QYL-20	4~6
	活性剂 AEO-9	1.5~3
	渗透剂 JFC	0.5~1
	太古油	0.8~1.5
	消泡剂	0.4~0.8
	水	加至 100

制备方法

（1）所述 A 剂按如下步骤进行：

①将水加到反应釜中，加热到 40~50℃，开动搅拌器；

②将拉开粉、碳酸钠、五水偏硅酸钠、柠檬酸钠、亚硝酸钠，依次徐徐加入反应釜中，每加一种原料要搅拌充分溶解后再加下一种原料；

③最后将消泡剂和三乙醇胺加入到反应釜中，保持反应釜中的温度为 40~50℃，继续搅拌 2~4h；

④关闭搅拌器，冷却至常温。

（2）所述 B 剂按如下步骤进行：

①将水加到反应釜中，加热到 60~70℃，开动搅拌器；

②将氢氧化钾和消泡剂加入反应釜中，搅拌至充分溶解；

③将活性剂 QYL-20、活性剂 AEO-9、渗透剂 JFC、太古油依次徐徐加入反应釜中，每加一种原料要搅拌充分溶解后再加下一种原料；

④保持反应釜中的温度为 60~70℃，继续搅拌 3~4h；

⑤关闭搅拌器，冷却至常温。

产品应用　本品是一种脱脂效果好、易清洗、可满足后道工艺要求的无磷环保型水基脱脂剂。

将产品用于金属工件（冷轧钢板、热镀锌板、电镀锌板、铝板等）的脱脂处理，处理温度为常温至 50℃，喷淋压力为 0.12~0.15MPa，时间为 1~3min，均达到预期的脱脂效果。

产品特性

（1）本产品是选择可取代磷酸盐并具有较强螯合作用的碱性盐及与其匹配的活性剂组合而设计的无磷环保型水基脱脂剂。用本产品处理金属工件，可充分发挥其乳化功能，达到彻底脱脂的目的，满足了后道工序（纳米皮膜处理以及静电粉末喷涂涂装等）的前处理质量要求。在优选碱和碱性盐作为皂化剂成分的同时，保证其强碱性不会对钢、锌、铝等各种材质表面发生氧化和腐蚀作用，同时皂化反应后黏附在工件表面的生成物易溶解、易清洗。

（2）本产品中柠檬酸钠与亚硝酸钠的组合，具有很强的螯合作用，可防止工件表面生成不溶性的硬化皂膜；活性剂 QYL-20 和 AEO-9 同时保证亲水作用和憎水作用，即使不选用磷酸盐，也能充分发挥其乳化功能，达到彻底脱脂的目的。

配方 109　无磷金属表面脱脂剂

原料配比

原料	配比（质量份）		
	1#	2#	3#
氢氧化钠	15	18	20
碳酸钠	5	8	10
柠檬酸钠	2	3	4
异丙醇胺	1	2	3
九水硅酸钠	1	2	3
乙二胺四乙酸二钠	1	2	3
1,2-丙二醇-1-单丁醚	1	1	2
嵌段聚醚类非离子表面活性剂	1	1	3
水	73	67	52

制备方法

（1）先把计量的水放入容器中，启动搅拌机；

（2）依次将氢氧化钠、碳酸钠、柠檬酸钠、异丙醇胺、九水硅酸钠和乙二胺四乙酸二钠投入容器中，充分搅拌，使各成分溶解；

（3）将 1,2-丙二醇-1-单丁醚、嵌段聚醚类非离子表面活性剂投入容器中，充分搅拌，静置陈化不小于 1h 后，包装入桶即可。

原料介绍　所述的嵌段聚醚类非离子表面活性剂由芜湖罗瑞克纳米科技有限公司生产。

产品应用　本品是一种工业用无磷金属表面脱脂剂。使用方法：将本产品用于冷轧钢板和热镀锌板等金属工件的脱脂处理，处理温度为 25~45℃，处理方式为浸泡或喷淋，处理时间为 1~3min。

产品特性

（1）本产品通过优化设计选择互相匹配的功能强的皂化剂、螯合剂、乳化剂及助剂，保证它们在对金属工件表面处理时，能够最大限度地发挥其功能，达到彻底脱脂的目的。

（2）本产品脱脂效率高，清洗效果好，且生产工艺简单，使用温度低，低泡，有利于节约能源、减少污染和保护环境等。

配方 110　无磷双组分常温脱脂剂

原料配比

原料		配比（质量份）			
		1#	2#	3#	4#
粉体 A 剂	偏硅酸钠	45	40	38	46
	葡萄糖酸钠	2	1.5	3	1.8
	氢氧化钠	10	15	12	9
	碳酸钠	43	43.5	47	43.2
液体 B 剂	20A64	11	10	12	11
	LF221	6	5	4	3
	20A612	4	3	6	3
	水	加至100			

制备方法　粉体 A 剂：在容器中按比例加入偏硅酸钠、葡萄糖酸钠及碱性盐，搅拌均匀即可。液体 B 剂：在容器内按比例加入水，并按比例先后加入表面活性剂的各物质，充分搅拌至均匀无色即可。

原料介绍　表面活性剂包括下列物质：非离子表面活性剂 DOWFAX20A64、DOWFAX20A612 和 Plura LF221。

非离子表面活性剂 DOWFAX20A64 和 DOWFAX20A612 为美国陶式化学产品，为市场公开销售的产品；非离子表面活性剂 Plura LF221 为巴斯夫（中国）有限公司的化学产品，为市场公开销售的产品。

产品应用　本品主要用作涂装前各种板材进行脱脂处理的双组分常温脱脂剂，主要应用于家电及汽车车身涂装前进行常温脱脂处理。

使用方法：将粉体 A 剂和液体 B 剂按照质量比例溶解于水中，三者质量比例为13∶10∶1000，在18℃以上进行工作。

产品特性　本产品使用时容易控制技术要求，使用效果好，在常温下就可使用（>18℃即可）。脱脂剂产品稳定性好，没有分层和结晶现象。脱脂时，去污力强、产生泡沫少、现场操作方便，使用温度低、节约能源。金属板材经过以上产品处理后，脱脂能力可以达到98%。

配方 111　无磷脱脂剂

原料配比

原料		配比（质量份）							
		1#	2#	3#	4#	5#	6#	7#	8#
木质素磺酸钠		1.8	2.5	2	6	0.3	4.5	5.8	0.8
表面活性剂	脂肪醇乙氧基化物 A 采用巴斯夫公司生产、销售的 Lutensol XL70 C_{10} 脂肪醇乙氧基化物	1	—	0.5	2.8	1.9	—	5	0.4
	脂肪醇乙氧基化物 B 采用巴斯夫公司生产、销售的 Lutensol XA50 C_{10} 脂肪醇乙氧基化物	—	1.6	2.7	0.2	1.1	0.8	—	—
	羰基醇乙氧基化物采用巴斯夫公司生产、销售的 Lutensol TO10 C_{13} 羰基醇乙氧基化物	1.2	2.9	1	1.7	2.5	2.5	2.2	0.2
自消泡乳化剂	LW20	2	1.5	5	3	0.2	1	2	0.2
氢氧化钠		20	15	24.2	18	22.5	19	16	23.8
柠檬酸钠		2	3	0.6	1.3	0.3	2.2	2	3
碳酸钠		5	3	1	1.6	2.7	4	2	2
九水硅酸钠		6	9.5	2	4.4	7.5	5	4	8.6
水		50	60	42	85	70	98	98	98

制备方法　将上述原料混合均匀即可投入使用。

产品应用　本品是一种无磷脱脂剂。

产品特性　构成脱脂剂的所有原料从市场容易得到；只要将各种原料采用手工或机械搅匀即可使用，因而无须像已有技术那样经过烦琐的制作过程，从而能满足镀锌企业在生产线上自制自用的便捷性和节省时间的要求；使用适应温度为 20～48℃，具有节约能源的特点。

配方112　无磷强力脱脂剂

原料配比

原料		配比（质量份）					
		1#	2#	3#	4#	5#	6#
碳酸盐	碳酸钠	45	35	—	30	30	20
	碳酸氢钠	—	—	25	—	—	10
硅酸盐	硅酸钠	—	20	—	—	—	—
	偏硅酸钠	25	10	42	36	35	35
碱性盐	氢氧化钠	17	25	—	20	—	—
	氢氧化钾	—	—	24	—	24	24
螯合剂	乙二胺四乙酸二钠	5	3	—	—	—	—
	葡萄糖酸钠	—	—	2	4	3	3
表面活性剂	表面活性剂 BO－902	5	4	3	5	3	3
	表面活性剂 LG－299	3	3	4	5	5	5

制备方法　将各组分搅拌均匀即可。

产品应用　本品是一种无磷强力脱脂剂。

产品特性　本产品使用时容易控制技术要求，清洗能力强，产生泡沫低。本产品不仅达到无磷目的，还具有使用温度低等优点。

配方113　无磷环保脱脂剂

原料配比

原料	配比（质量份）						
	1#	2#	3#	4#	5#	6#	7#
氢氧化钠	10	36	10	12	25	28	35
氢氧化钾	—	25	25	24	10	7	—
碳酸钠	2	4	3.2	3	3.2	3	3
柠檬酸钠	2	3	2	2.4	2	2.4	2.4
葡萄糖酸钠	2	4	3	2.8	3.2	3.5	3
聚天冬氨酸	0.5	2	1.3	1.6	1.5	0.8	0.9
聚丙烯酸钠盐	0.8	3	2.1	2.2	1.2	2.2	2.4
脂肪醇醚类非离子表面活性剂	0.8	4	1.8	2.9	3.7	2	2.8
羧酸盐类阴离子表面活性剂	0.8	2	0.8	0.7	1.1	1.1	0.7
水	81.1	17	50.8	48.4	49.1	50	49.8

制备方法 将这些原料混合均匀后，制成脱脂剂的浓缩液。

原料介绍 辅助清洗剂碳酸钠和柠檬酸钠能改善配方的清洗能力，适当降低成本，提供碱性环境，及润湿、乳化、悬浮、分散污渍污垢，防止污垢的再次沉淀附着。碳酸钠在水中能发生水解反应，其碳酸根与水中的钙、镁等金属离子结合软化水的硬度；柠檬酸钠的柠檬酸根与钙离子结合则生成可溶性配合物以软化水的硬度；碳酸钠和柠檬酸钠可与表面活性剂发生一系列协同作用，发挥活性胶体吸附作用，提高表面活性剂的活性作用。

螯合剂葡萄糖酸钠和聚天冬氨酸，能与清洗液和油脂污垢中的铁、钙和镁等金属离子形成配位化合物，减少这些金属离子与油脂皂化形成的脂肪酸结合成金属皂的可能性，从而避免形成不溶于水的重金属脂肪酸盐再次黏附于带钢而导致清洗效率下降的问题，对于硬质污垢有较强去除能力。由于螯合剂对金属离子具有极强的捕捉能力和分散效果，能与钙、镁、铅、锌、铁、铬等多种多价金属离子在相当宽的 pH 值范围内发生螯合作用，形成较稳定的水溶性配合物。

产品应用 本品是一种无磷脱脂剂。

使用时，将浓缩液稀释为质量分数为3%的工作液。本产品的脱脂剂的使用，可以适用于各种清洗方式，例如超声波、喷淋、电解或刷洗等。

产品特性

（1）本产品不含重金属及磷等有害元素，有效降低了环境污染。

（2）本产品稳定性高，配方各成分毒性低，清洗后污水易于处理。

配方 114 无磷脱脂清洗剂

原料配比

原料	配比（质量份）									
	1#	2#	3#	4#	5#	6#	7#	8#	9#	10#
土耳其红油	1	2	4.2	5	2.3	4.3	2.7	3.2	1.4	2.1
聚乙烯吡咯烷酮	3	—	1	0.1	3	1.7	1.7	3	—	2.7
聚乙二醇	—	1.6	—	2.4	0.1	1.2	1.2	—	2.3	—
LW20 自消泡乳化剂	2	1	5	1	1.8	1	4.1	5	4.1	4.1
氢氧化钠	5	9	14	25	22	25	23.5	21	12.5	14
乙二胺四乙酸四钠	5	3	1.8	3.6	1.2	1	1.2	2.8	3.5	1.9
无水碳酸钠	15	12	9	6	4	1.2	12.6	12.4	10.6	5.6
九水硅酸钠	12	12	7	0.5	0.5	15	2.9	5.6	8.5	13.6
水	50	75	40	99	85	65	70	90	95	55

制备方法 将各组分混合均匀即可。

原料介绍 无磷脱脂剂的添加剂包含了两种原料，一为聚乙烯吡咯烷酮，二为聚乙二醇。这两种原料在无磷脱脂剂的配方中既可以任择其一，也可以两者同时使用，即两者同时加入到无磷脱脂剂的配方中。聚乙烯吡咯烷酮和聚乙二醇在无磷脱脂剂配方中所占的质量份数均为≤3份，但是当聚乙烯吡咯烷酮为零时，那么聚乙二醇不能为零；反之，当聚乙二醇为零时，那么聚乙烯吡咯烷酮不能为零。可见聚乙烯吡咯烷酮和聚乙二醇两者能单独作用。

产品应用 本品主要用于镀锌企业在生产线上自制自用。

产品特性 添加剂原料选择合理，无论是对人体还是环境均无不利影响；构成脱脂剂的所有原料容易从市场获得，并且对人体无害对环境无损；脱脂剂的使用温度为20~45℃，因此可节约加热用的能源；脱脂效果好而能缩短脱脂时间；排放的废水能符合废水排放标准。

配方115 无磷金属脱脂剂

原料配比

原料	配比（质量份）	
	1#	2#
聚醚 HLB 值为 3~5	2	2
聚醚 HLB 值为 9~12	10	6
聚醚 HLB 值为 14	3	2
蓖麻油酸硫酸钠	4	4
无水硫酸钠	18	18
碳酸钠	10	10
碳酸氢钠	45	45
4A 沸石	8	13

制备方法 首先将规定质量的无水硫酸钠、碳酸钠、碳酸氢钠和填充剂混合后用粉碎机粉碎至60~80目，放入混合器内备用。再将规定质量的上述三种不同 HLB 值的聚醚和蓖麻油酸硫酸钠加到反应锅内，蒸汽加热至100℃左右后搅拌2h。然后再用泵将料液喷淋到混合器内备用的混合粉上，一边喷淋，一边混合1h，最后将物料通过40目筛网后即成产品。

原料介绍 聚醚由三种不同 HLB 值（亲水亲油平衡值）的聚醚组合而成：聚醚 HLB 值为 3~5 的 0.1~2 份；HLB 值为 9~12 的 0.1~10 份；HLB 值为 14 的 0.1~3 份。

选用低泡沫力的蓖麻油酸硫酸钠，以促进非离子表面活性剂聚醚的临界胶束浓度。上述填充剂可采用4A 沸石、硅藻土或珍珠岩矿粉。

产品应用 本品主要用作金属表面涂装（喷塑、喷漆、电镀等）行业对工件进行脱脂预处理的无磷脱脂剂。

产品特性 本产品采用不同的 HLB 组合的聚醚，具有自行消泡和良好的脱脂效果，适用于全封闭的流水线中。

配方116 冷轧硅钢板用清洗剂

原料配比

原料	配比（质量份）				
	1#	2#	3#	4#	5#
氢氧化钠	20	30	25	25	30
硅酸钠	60	50	55	52	60
三聚磷酸钠	11	12	10	15	13.2
烷基酚聚氧乙烯醚	2.8	6	5	4	4.8
脂肪醇聚氧乙烯醚	6	1.9	4.7	3.8	5.76
磷酸三丁酯	0.2	0.1	0.3	0.2	0.24

制备方法 将这些原料均匀混合，密封包装即成合格清洗剂成品。

原料介绍 本清洗剂中加入氢氧化钠是因为硅钢轧制油由少量的动植物油（或合成脂）和大量的矿物油组成，氢氧化钠能和黏附在钢板上的动植物油发生皂化反应，生成肥皂和甘油，肥皂和甘油能很好地溶解在清洗剂中，从而使硅钢板上的动植物油除去。氢氧化钠含量低于20%时，皂化反应不能充分进行，达不到要求的除油效果，大于30%时，溶液的 pH 值太高，容易对硅钢板造成腐蚀。

硅酸钠具有良好的乳化作用，利用硅酸钠能有效地除去硅钢板表面的矿物油。硅酸钠含量低于50%时，乳化效果差，高于60%时，容易在硅钢板表面形成一层难以洗去的 SiO_2 膜，使硅钢板的清洗质量下降。

三聚磷酸钠能和硬水中的 Ca^{2+}、Mg^{2+} 发生络合作用，并能结合溶解在清洗剂中的其他金属离子，同时能帮助黏附在钢板表面的 SiO_2 膜洗去，以提高清洗效果，低于10%时效果差，高于15%清洗效果增加不明显。

本清洗剂中选用的烷基酚聚氧乙烯醚和脂肪醇聚氧乙烯醚的 HLB 值为13～15，用量均为1%～6%。它们都是表面活性剂，能降低清洗剂的表面张力，增加清洗剂的表面活性和清洗效果，该两种表面活性剂的联合使用可大大提高清洗剂的脱脂效果。表面活性剂加入量高于6%时溶液泡沫太多，低于1%时清洗效果差。

本清洗剂中还需加入微量的磷酸三丁酯，用量为0.1%～0.3%就能有效地消除清洗过程产生的泡沫。

产品应用 本清洗剂专用于清洗冷轧硅钢板，采用浸渍脱脂或喷淋脱脂方式均可，此外也适用于其他钢材的化学清洗。

本清洗剂工作时质量分数采用2.5%～4%，工作时溶液温度在45～65℃就能通过浸渍或喷淋有效地除去硅钢板表面的油污，洗净率可达98%以上。本清洗剂工作时液体温度低于其他清洗剂的工作温度，这在大生产的过程中易于组织实施，且可大大节省能耗。

产品特性 本清洗剂使用时安全无毒，性能稳定，使用中不会在设备或管道中产生结垢，提高设备和管道的使用寿命。本清洗剂润湿性能和乳化性能好，载油污能力强，使用寿命长。

配方 117 冷轧钢板专用清洗剂

原料配比

原料	配比（质量份）	
	1#	2#
非离子表面活性剂	8	8
异丙苯磺酸钠	10	—
丁基萘磺酸钠	—	12
羟基亚乙基二膦酸钠	1	—
乙二胺四亚甲基膦酸钠	—	2.5
溶剂	5	8
氢氧化钠	30	40
水	加至 100	

制备方法 将各组分溶于水混合均匀即可。

原料介绍 所述碱性化合物为碱金属化合物，如：氢氧化钠、氢氧化钾等。

所述非离子表面活性剂为烷基酚聚氧乙烯醚、烷基醇聚氧乙烯醚、烷基聚氧乙烯聚氧丙烯醚，亲水性与疏水性比即 HLB 为 2～14，最好是 4～7。

所述螯合剂，它们是以下一种或多种：有机多元膦酸型有氨基亚烷基多膦酸或其盐、碱金属乙烷 1 - 羟基二膦酸或其盐、次氨基三亚甲基膦酸或其盐类。这类化合物中，常用的有二乙烯三胺五亚甲基膦酸、乙二胺四亚甲基膦酸钠、己二胺四亚甲基膦酸钠、氨基三亚甲基膦酸盐及羟基亚乙基二膦酸盐等。

所述特效增溶剂，它们是以下一种或多种：烷基磺酸类的有烷基苯磺酸盐、烷基萘磺酸盐；短碳链醇的乙醇、异丙醇；还有两性表面活性剂咪唑啉、甜菜碱等。

所述溶剂用来进一步增加产品的去污性，主要溶剂有乙二醇醚、二乙二醇醚、卡丁醇醚。

产品应用 本品主要应用于清洗连续退火前冷轧钢板。

产品特性 本品第一个优点是选择了特种非离子表面活性剂，其对冷轧钢板表面的冷轧油、防锈油及碳粒和铁粉具有极其有效的去除和分散作用。本品第二个优点是选择了能将去污效果好、泡沫极低的表面活性剂增溶到高电解质溶液里的增溶剂。本品第三个优点是泡沫低、去污力强。

配方118 铝材表面酸性清洗剂

原料配比

原料		配比（质量份）			
		1#	2#	3#	4#
混合酸	硫酸	1~20	—	—	—
	氢氟酸	1~15	1~20	1~20	1~20
	硝酸	—	1~20	1~20	1~20
缓蚀助剂	柠檬酸	0.5~5	—	0.5~5	—
	酒石酸	0.5~5	0.5~5	0.5~5	0.5~5
	羟基乙酸	—	0.5~5	—	0.5~5
非离子表面活性剂		0.1~10	0.1~10	0.1~10	0.1~10
阴离子表面活性剂		0.1~10	0.1~10	0.1~10	0.1~10
含氧溶剂		0.1~15	0.1~15	0.1~15	0.1~15
增稠剂		0.5~5	0.5~5	0.5~5	0.5~5
水		加至100			

制备方法 将各组分加入水中搅拌溶解为透明液体，并控制 pH 值小于 2.0 即可。

原料介绍 所述非离子表面活性剂是辛基酚聚氧乙烯醚（9）、壬基酚聚氧乙烯醚（9）、月桂醇聚氧乙烯醚（9）、壬基酚聚氧乙烯醚（6）及月桂醇聚氧乙烯醚（6）中的至少一种与异辛醇聚氧乙烯醚的混合物。

所述阴离子表面活性剂是月桂基硫酸钠。

所述含氧溶剂是乙二醇、1,2-丙二醇、异丙醇、N-甲基吡咯烷酮、乙二醇苯醚、乙二醇甲醚、乙二醇乙醚、乙二醇丁醚、二乙二醇甲醚、二乙二醇乙醚、二乙二醇丁醚、二乙二醇苯醚中的至少一种。

所述缓蚀助剂是柠檬酸、酒石酸、羟基乙酸的复合物。

所述增稠剂是甲基纤维素衍生物。

产品应用 本品主要应用于清除铝材表面氧化皮和油性积炭混合层。

产品特性 本品各原料配制后虽呈强酸性（pH 值小于 2.0），但清洗时可将其用水稀释到浓度为 25%，使用时不会对操作人员的安全构成威胁，安全可靠。各原料相互配伍作用，可在常温下将铝材表面较厚的氧化皮和油性积炭混合层快速清除，无须加热，节省能源；处理后铝材表面平整、光洁，材料失重率极低，使铝材表面保持本色，不影响后续焊接和喷涂工艺。

配方 119　铝材表层的电子部件防腐蚀清洗剂

原料配比

原料	配比（质量份）					
	1#	2#	3#	4#	5#	6#
乙二醇乙醚	10	6	—	7	—	—
乙二醇丁醚	—	—	—	—	9	—
硅酸钠	3	—	5	—	—	—
硅酸钾	—	10	—	—	—	4
钨酸钠	—	1	—	1	1	2
无水硅酸钠	—	—	—	6	3	—
聚合度为20的脂肪醇聚氧乙烯醚	5	5	—	—	6	—
聚合度为15的脂肪醇聚氧乙烯醚	—	—	6	—	—	—
聚合度为40的脂肪醇聚氧乙烯醚	—	—	5	—	—	6
聚合度为25的脂肪醇聚氧乙烯醚	—	—	—	6	—	—
聚合度为35的脂肪醇聚氧乙烯醚	—	—	—	—	—	9
氢氧化钾	2	3	—	4	3	—
氢氧化钠	—	—	3	—	—	3
苯并三氮唑钠	1	—	1	—	—	—
水	加至100					

制备方法　在室温下依次将硅酸盐、表面活性剂、渗透剂、缓蚀剂、pH 调节剂加入水中，搅拌混合均匀，即成清洗剂。

原料介绍　所述渗透剂是脂肪醇聚氧乙烯醚（JFC）或者乙二醇醚类化合物；该乙二醇醚类化合物是乙二醇乙醚和乙二醇丁醚中的一种或它们的组合。

所述表面活性剂是非离子表面活性剂，该非离子表面活性剂是脂肪醇聚氧乙烯醚或烷基醇酰胺。该烷基醇酰胺是月桂酰单乙醇胺。渗透剂和非离子表面活性剂所使用的是聚合度为15的脂肪醇聚氧乙烯醚、聚合度为20的脂肪醇聚氧乙烯醚、聚合度为25的脂肪醇聚氧乙烯醚、聚合度为35的脂肪醇聚氧乙烯醚或者聚合度为40的脂肪醇聚氧乙烯醚。

所述 pH 调节剂是无机碱、有机碱或者其组合。该无机碱是氢氧化钠或氢氧化钾；该有机碱是多羟多胺和胺中的一种或其组合。多羟多胺为三乙醇胺、四羟基乙二胺或六羟基丙基丙二胺；胺为乙二胺、四甲基氢氧化铵。

所述缓蚀剂为苯并三氮唑钠、钨酸钠。

产品应用　本品主要应用于铝材表层的清洗。

清洗方法：清洗时采用 28kHz 的超声波清洗设备，将表层为铝的电子部件放置在超声波清洗设备中，加入由清洗剂和 10~20 倍体积的纯水混合的液体，控制清洗温度为 40~55℃，清洗 5~6min 取出。清洗后，采用光学显微镜放大100 倍的方法检测，表层为铝的电子部件表面无油污残留，表面光亮，清洗后24h 内表层为铝的电子部件表面仍无发乌以及锈斑现象。

产品特性　本品配方科学合理，生产工艺简单，不需要特殊设备；清洗能力强，清洗时间短，节省人力和工时，提高工作效率，且具有除锈和防锈功效；本清洗剂呈碱性，对设备的腐蚀性较低，使用安全可靠，利于降低设备成本；另外，本清洗剂为水溶性液体，清洗后的废液便于处理排放，符合环境保护要求。

配方 120　铝合金常温喷淋清洗剂

原料配比

原料	配比（质量份）	
	1#	2#
乙二胺四乙酸二钠	5	4
五水偏硅酸钠	1	1
葡萄糖酸钠	6	7
异构醇醚	7	7
增溶剂 RQ-130E	10	4
表面活性剂 RQ-129B	7	6
水	64	71

制备方法

（1）将反应量水加入反应釜中，在 25~40℃之间加入反应量的五水偏硅酸钠、葡萄糖酸钠、乙二胺四乙酸二钠搅拌，保持反应 20min。

（2）在反应釜中再加入异构醇醚和表面活性剂 RQ-129B（脂肪醇聚氧乙烯醚）搅拌至完全溶解后再加入增溶剂 RQ-130E（二丙二醇甲醚），持续搅拌30min，直至溶液清澈透明，反应过程中保持反应釜温度 35~40℃。

（3）反应完成后自然冷却至室温，静置 25~35min 后即成为铝合金常温喷淋清洗剂。

产品应用 本品主要应用于铝合金工件清洗。

产品特性

（1）本品是弱碱性常温清洗剂，所用原料为有机助剂、无机助剂、分散剂、乳化剂和表面活性剂，且所用原料来源广泛，获取容易，使用量少，适用于大规模的工艺生产。

（2）本品的作用机理简单科学，使用方便，经济实用，效果明显。所选用原料在复配后也能保持很低的泡沫，复配后原料的各种性能都得到增强，其中，乙二胺四乙酸二钠能够提供稳定的 pH 值，五水偏硅酸钠起到保护铝合金防腐蚀的作用，葡萄糖酸钠和异构醇醚具有分散油污和保护金属不被腐蚀作用，增溶剂 RQ - 130E、表面活性剂 RQ - 129B 可协同溶解油污和调解本配方其他原料，增加常温清洗力和降低常温泡沫，通过以上的作用机理使清洗剂达到最佳的状态。

（3）本品效果明显，可用于高压喷淋使用，不腐蚀金属。

（4）本品常温就可使用，不用加热，节约能源，使用此液处理后对铝合金零部件不腐蚀，表面无白斑残留并且能增加零部件光亮，使用周期长，使用浓度低，安全，环保，节约工时，提高工作效率。

配方 121　镁合金表面处理清洗液

原料配比

原料	配比（质量份）				
	1#	2#	3#	4#	5#
硝酸	45	50	60	70	80
氢氟酸	55	50	40	30	20
水	100	100	100	100	100

制备方法 先在水中加入质量分数为 5%～25% 的硝酸，然后加入质量分数为 5%～15% 的氢氟酸，搅拌均匀即可。

原料介绍 所述硝酸的质量分数为 5%～25%。所述氢氟酸的质量分数为 5%～15%。

产品应用 本品主要应用于镁合金表面处理。

用本品清洗液对镁合金铸件进行表面处理的方法：先将用电化学方法去毛刺处理后的镁合金铸件在常温下置于清洗液中处理 4～30s；再将镁合金铸件放入纯水中清洗 4～10s；接着放入碱溶液中处理 4～30s，最后再用纯水清洗 4～10s，烘干。

产品特性 本品不但成本低廉，而且清洗工艺简单；尤其是清洗效果好，能有效地清洗掉电化学去毛刺处理后在铸件上留下的腐蚀黑点。

配方 122　镁合金表面化学清洗液

原料配比

表1　磷-硫酸酸洗溶液

原料	配比（质量份）	
	1#	2#
磷酸	55	30
硫酸	25	10
水	加至100	

表2　碱性清洗剂

原料	配比（质量份）	
	1#	2#
氢氧化钠	50	10
磷酸三钠	6	10
水	加至1000	

制备方法　将各组分混合均匀即可。

原料介绍　对镁合金零件进行化学清洗时，例如对 AZ91D 镁合金压铸件，这种酸性清洗液，有着良好的化学抛光作用，可在室温下使用，或者通过加热，例如在50℃，则效果更好。可以清洗掉镁合金压铸件（也可用于其他锻、铸件）表面的氧化、腐蚀产物，旧的化学转化膜，金属铝的表面偏析、脱模剂、吹砂以及喷丸带来的污染等。再经过在这种碱性清洗液中浸泡处理，可除去在酸性清洗液中的不溶性物质，同时还会中和处理掉金属表面上的酸，有利于防止金属表面的腐蚀。

产品应用　本品主要应用于镁合金表面化学清洗。

本品的清洗方法：将表面除去油污的镁合金压铸件放进磷-硫酸酸洗溶液槽中进行浸泡，工作温度15~80℃，浸洗时间10~60s，取出零件后（可立即在一个空槽上方抖动零件1~2次，滴落回收酸洗液），再立即进行一次水洗、二次水洗，洗净零件表面，再放进碱性清洗（中和处理）溶液槽中进行浸泡，工作温度25~90℃，浸洗时间60~300s，再进行一次水洗、二次水洗，洗净零件表面。

产品特性

（1）使用本品的工艺方法，可以作为镁合金表面化学或电化学防护处理工艺（例如铬酸盐钝化或氟化处理、磷酸盐等化学转化膜处理或阳极氧化、化学镀和电镀等工艺）中的一种预处理工序，为后续工序提供一个光亮、新鲜、清洁的均匀金属表面。本品主要用于镁合金 AZ91D 等合金压铸件零件，也可用于镁合金的其他锻、铸件，作为化学或电化学防护处理中的预处理酸洗工序。

（2）对 AZ91D 等耐蚀性高的镁合金压铸件进行处理后，迅速进行干燥处理，表面光亮，在一定环境条件下，可直接应用或涂清漆后应用。

（3）可以有效地除去零件压铸成型脱模剂，用于压铸件回收料在重新熔炼前的清洗，消除压铸脱模剂对熔炼镁合金的污染。

（4）对于有严格尺寸公差要求的零件，应注意这种磷 - 硫酸溶液对镁合金的去除作用，要严格控制酸洗时间。如果尺寸要求严格，公差小，则需要在机械加工之前进行酸洗工序。

（5）这种工艺方法使用的溶液不含铬酸（或 Cr^{6+}）、氢氟酸（或氟的酸式盐）。在化学清洗中除了产生氢气之外，不产生其他有害气体。产生的漂洗废水及废液处理简单方便，不造成二次污染，便于三废治理。

（6）使用这种工艺清洗镁合金表面，质量好、效率高、溶液稳定、便于操作，适合在工业生产中应用。

配方 123   铍青铜氧化膜清洗剂

原料配比

原料	配比（质量份）		
	1#	2#	3#
硫酸	25 ~ 45	30 ~ 40	32 ~ 38
硝酸根离子	5 ~ 15	5 ~ 10	6 ~ 8
有机膦酸	2 ~ 8	2 ~ 5	3 ~ 4
卤素离子	0.02 ~ 0.8	0.05 ~ 0.5	0.1 ~ 0.3
水	加至 100		

制备方法   在有机膦酸中缓缓加入硫酸，充分搅拌，冷却至室温后，再加入硝酸，充分搅拌后，加入卤素离子，即得到清洗剂。

原料介绍   所述有机膦酸为羟基亚乙基二膦酸、2 - 羟基膦酰基乙酸、2 - 膦酸丁烷 - 1,2,4 - 三羧酸中的一种或一种以上的混合物。

产品应用   本品主要应用于铍青铜氧化膜清洗。

产品特性   本品采用有机膦酸、硫酸、硝酸根离子、卤素离子复配体系，解决了铍青铜氧化膜难以去除的问题，同时代替了传统六价铬的酸洗体系，减少了污染，提高了酸洗效果。经本清洗剂清洗后，铍青铜表面平整光亮，改善了产品的性能和外观。

配方124 清洗防锈剂

原料配比

原料	配比（质量份）	
	1#	2#
50%乙二胺四乙酸溶液	1.5	—
65%乙二胺四乙酸溶液	—	1.2
三乙醇胺	3.5	3.8
一乙醇胺	1	0.6
70%合成硼酸酯溶液	5	7.4
30%聚丙烯酸溶液	7	8
90%三嗪类杀菌剂溶液	1	2
水	81	77

制备方法

（1）按配比将50%的水加入反应釜A内，升温至35~45℃，然后按配比分别加入乙二胺四乙酸溶液、三乙醇胺溶液、一乙醇胺溶液进行反应，并在40~42℃温度范围内保温3~5h，即得到水基防锈液；

（2）在反应釜B内加入余下的50%水，然后按配比加入聚丙烯酸溶液并充分混合搅拌，且在搅拌下按配比加入合成硼酸酯溶液进行反应，反应时间为30~45min，反应期间温度保持在10~40℃，得到反应液；

（3）将反应釜A中的水基防锈液加入反应釜B的反应液中，升高反应釜B的温度至40~42℃，保温并搅拌0.5~2h；

（4）向反应釜B中按配比加入三嗪类杀菌剂溶液，搅拌20~40min后即成成品。

产品应用 本品特别适用于钢材、铝材的清洗防锈。

产品特性 本品呈弱碱性，所用原料来源广泛，获取容易，使用量少，对防锈油、乳化油、切削油、压制油、润滑油、变压器油等加工用油具有较强的洗净力。

配方125 热轧钢板清洗剂

原料配比

原料	配比（质量份）	
	1#	2#
硫酸（相对密度1.84）	24	22
氯化锂	10	—

续表

原料	配比（质量份）	
	1#	2#
盐酸（相对密度1.15）	25	35
氯化铵	—	5
水	41	38

制备方法 将各组分混合溶于水即可。

产品应用 本品用于清洗热轧钢板、钢带表面的黑色氧化膜和铁锈。总酸度为40~60点，工作温度为20~80℃。进行清洗时，当温度为60~80℃，去除黑氧化膜和铁锈时间为1~2min，能有效取代浓盐酸。

产品特性 本品优点是：

（1）清洗热轧钢板或钢带氧化膜的速度和清洗后钢板或钢带的外观与盐酸清洗效果相同；

（2）材料价格比盐酸低10%~15%，清洗钢板量增加10%~15%；

（3）氯化氢有害气体的挥发量减少80%以上，显著地减轻了环境污染，延长了设备的使用寿命。

配方126 水基金属零件清洗剂

原料配比

原料	配比（质量份）	
	1#	2#
脂肪醇聚氧乙烯醚磷酸酯	5	6
脂肪醇聚氧乙烯醚硫酸酯	3	4
脂肪醇聚氧乙烯醚	16	14
椰油酸二乙醇酰胺	7	6
琥珀酸酯磺酸钠	3	4
乙醇胺	5	5
乙二醇单丁基醚	6	6
偏硅酸钠	4	4
乙二胺四乙酸	0.15	0.15
固体粉剂有机硅消泡剂	0.3	0.3
水	50.55	50.55

制备方法 将各原料在40~60℃温度下加热溶解，逐个加入各组分，使其全部溶解，即可得到均匀透明的浅黄色液体，能与水以任意比例混合。

原料介绍 所述脂肪醇聚氧乙烯醚磷酸酯的聚氧乙烯平均数为 5～7，脂肪醇的碳数为 12～14。

所述脂肪醇聚氧乙烯醚硫酸酯的聚氧乙烯平均数为 2～4，脂肪醇的碳数为 12～14。

所述脂肪醇聚氧乙烯醚，脂肪醇的碳数为 16～18，聚氧乙烯平均数为 10～15。

所述烷基醇酰胺是椰油酸二乙醇酰胺、月桂酰二乙醇胺或烷基醇酰胺磷酸酯。

所述渗透剂是琥珀酸酯磺酸钠，具有高效快速的渗透能力。

所述烷基醇胺是一烷基醇胺、二烷基醇胺或三烷基醇胺，烷基可以是乙基、丙基或丁基。

所述乙二醇烷基醚是一烷基醚或二烷基醚，烷基是乙基、丙基或丁基。

所述的配位剂为有机螯合剂，如乙二胺四乙酸（EDTA）及其钠盐或柠檬酸钠。

所述消泡剂是乳化型有机硅消泡剂，或者是固体粉剂有机硅消泡剂。

所有原料中，脂肪醇聚氧乙烯醚磷酸酯、脂肪醇聚氧乙烯醚硫酸酯和脂肪醇聚氧乙烯醚均为无色至浅黄色透明液体，烷基醇酰胺为红棕色透明液体，渗透剂为无色透明液体，这些表面活性剂完全溶于水，不燃、不爆，易生物降解，是清洗剂的主要成分。烷基醇胺、偏硅酸钠均为化学纯试剂。本品使用的配位剂为白色颗粒或粉末状，除了可以螯合 Ca^{2+}、Mg^{2+} 外，还可以螯合 Fe^{3+}、Cu^{2+} 等许多其他金属离子，从而防止表面活性剂的消耗，同时还克服了使用磷酸盐类无机助剂引起的恶化水质的过肥现象，对环境不产生污染。所述乙二醇烷基醚均为无色透明液体，对矿物油、油脂等污垢有较强的溶解能力，也可以调节清洗剂的黏度。如清洗剂中泡沫太多，往往给漂洗带来困难，费时费力又浪费大量的水，因此加入消泡剂抑制泡沫的产生，使得被清洗部件易于冲洗。

产品应用 本品主要应用于金属零件清洗。清洗半导体或精密金属零件表面上的油脂、灰尘、积炭等污染物的方法包括：使用上述的清洗剂组合物，用超声波清洗机清洗，然后用去离子水冲洗，热风或真空干燥即可。当用该清洗剂清洗显像管行业等各种精密金属零件时，可用 5%～10% 的该组合物与去离子水配制成清洗液，在 40～60℃ 时浸泡或超声清洗，然后用去离子水冲洗干净，真空或热风干燥即可。

产品特性 本品去污能力强，可有效去除矿物油、植物油、动物油及其混合油，清洗效果达到 ODS 清洗效果，能够有效地去除金属零件表面的多种冲压油和润滑油，对金属表面无腐蚀、无损伤，能够替代三氯乙烷等 ODS 物质进行脱脂，不含 ODS 物质，无毒无腐蚀性，对臭氧层无破坏作用，生物降解性好，使用完可以直接排放，使用方便，对环境无污染，对全球变暖无影响，对人体无危害，达到国际先进水平。本品乳化、分散能力强，抗污垢再沉积能力好，不产生二次污染，使用范围广，对高温高压冲压出的零件有极佳的清洗效果，清洗后金属零件表面光亮度好。本产品是水剂，安全性高，不燃不爆，无不愉快气味。

配方 127　水基清洗剂

原料配比

原料	配比（质量份）
OP－10	3
AEO－9	7
AES	5
TEA	5
PPG	7
乙醇	5
乙二醇丁酯	5
香精和水	50

制备方法　按配比将原料混合制成。

产品应用　本品可清洗不锈钢、低碳钢、铝及铝合金、铜及铜合金、高铁合金和镍合金等表面的润滑油、压力油、金属加工液、研磨液等污垢。

产品特性

(1) 本品脱油去污范围广，可与油污分离，清洗效果好。

(2) 清洗能力强，速度快。

(3) 可重复使用，无污染，具有防锈能力。

配方 128　水基金属清洗剂

原料配比

原料	配比（质量份）
碳酸钠	7
硅酸钠	5
六亚甲基四胺	40
三聚磷酸钠	22
羧甲基纤维素	1
元明粉	10
平平加－9	10
烷基苯磺酸钠	5

制备方法 在搅拌器中先后放入碳酸钠、硅酸钠、六亚甲基四胺、三聚磷酸钠、羧甲基纤维素、元明粉，搅拌均匀后，再加入平平加-9、烷基苯磺酸钠，充分搅拌均匀后即可。

产品应用 本水基金属清洗剂适用范围广，广泛用于黑色和有色金属的除油清洗，除油工艺简单，使用本清洗剂在常温状态下用自来水配制质量分数1%~3%即可。

产品特性 本清洗剂除油工艺简单，节约能源，适用性广，无环境污染，对金属基体腐蚀极微弱，具有较强的防锈能力，易漂洗，除油效果好，成本低，操作方便，无毒害。

配方 129 水溶性金属清洗剂

原料配比

原料	配比（质量份）		
	1#	2#	3#
一元醇	5~8	6~10	7~9
碳酸钠	1~1.3	1.2~1.5	1.1~1.4
二丙二醇单甲醚	10~25	15~30	18~26
乙二醇单丁醚	30~40	35~50	36~45
吗啡啉	0.5~4	2~5	1.5~4
水	5~16	8~20	10~15

制备方法

（1）水中放入碳酸钠，在室温下使用搅拌机均匀搅拌直至碳酸钠完全溶解；

（2）在步骤（1）获得的混合溶液中放入乙二醇单丁醚，使用搅拌机以50r/min的速度进行搅拌，搅拌3min后，放入乙醇和二丙二醇单甲醚，继续搅拌10min；

（3）在步骤（2）获得的混合溶液中加入吗啡啉，使用搅拌机搅拌至混合溶液pH值为9为止，即获得本品。

原料介绍 本品中的一元醇虽然优选为乙醇，但也可采用其他一元醇产品或烷醇胺类产品来替代乙醇。另外，本品中使用的二丙二醇单甲醚和乙二醇单丁醚属于脂肪醇中优选的两种，也可采用脂肪醇中的其他产品来替代二丙二醇单甲醚和乙二醇单丁醚。

产品应用 本品主要应用于金属表面清洗。

产品特性

（1）本品采用烷醇胺类、一元醇或脂肪醇类物质作为原料，不含有对环境有害的化合物，如二氯甲烷、氯化合物、卤素溶剂、芳香烃等，是环保的，并且对工作人员的健康无害。

（2）工艺简单，制作方法简单快捷，清洗金属表面效果好。

（3）本品具有一定的防锈功能。

配方130 水溶性金属防锈清洗剂

原料配比

原料	配比（质量份）		
	1#	2#	3#
平平加	4	6	8
聚乙二醇	2	3	6
油酸	2	4	6
三乙醇胺	6	10	15
亚硝酸钠	2	3	3
苯并三氮唑	0.5	0.5	1.2
聚硅氧烷消泡剂	0.5	0.5	1.2

制备方法 将各组分混合均匀即可。

产品应用 本品用于金属防锈、清洗。

产品特性 本品的优点是：

（1）不含三氯乙烷、四氯化碳等有害物质，不会破坏高空中的臭氧层，不污染环境。

（2）脱脂去污的能力强，对有色金属无不良影响。

（3）防锈能力强。

（4）抗泡沫性强，高压下不会产生溢出现象。

配方131 水溶性金属清洗液

原料配比

原料	配比（质量份）
十二烷基磺酸钠	4~5
OP-10	4~5
五氯酚钠	0.04~0.05
苯甲酸钠	0.02~0.03
亚硝酸钠	0.02~0.03
三乙醇胺	4.5~6

续表

原料	配比（质量份）
聚乙二醇	3～4
乙醇	7～8.5
磷酸	0.8～1.0
水	加至100

制备方法 将各组分充分搅拌均匀成混合物即可。

产品应用 本品可用于各种钢材、铸铁制件的清洗。

产品特性 本产品不仅能清除金属表面的灰尘、油污、油漆和黏合剂，而且能提高金属制件的防锈能力。本清洗剂具有使用安全、价格便宜等优点。

配方132　太阳能硅片清洗剂

原料配比

原料	配比（质量份）			
	1#	2#	3#	4#
氢氧化钠	0.2	0.8	1	5
无水碳酸钠	1	2.5	3.5	5
偏硅酸钠	0.5	1.5	2	4
乙二胺四乙酸二钠	0.1	0.5	1.5	0.1
十二烷基苯磺酸钠	0.1	0.4	1.5	4
琥珀酸二辛酯磺酸钠	—	0.4	2	—
聚乙二醇	—	0.2	1.5	
吐温-80	0.1	0.5	2	0.1
OP-10	0.5	0.8	1.5	4
三乙醇胺	1	3	3	5
无水乙醇	2	3	—	
正丁醇	—	1.2	5	—
异丙醇	—	0.8		5
水	加至100			

制备方法

（1）将氢氧化钠溶于水中，随后将无水碳酸钠及偏硅酸钠溶于上述溶液中，搅拌均匀制成碱性混合溶液；

（2）将乙二胺四乙酸二钠加入上述混合溶液中，搅拌均匀，制成溶液A；

（3）将表面活性剂十二烷基苯磺酸钠、琥珀酸二辛酯磺酸钠、聚乙二醇、吐温-80、OP-10溶于水中，搅拌均匀，制成溶液B；

（4）将三乙醇胺溶于无水乙醇或正丁醇或异丙醇或其组合物中混合均匀，制成溶液C；

（5）将溶液B溶于溶液C中混合均匀，再将混合溶液加入溶液A中，而后用水定量到所需百分含量。

上述各步骤均在常温常压下进行。

所有的配制过程需按顺序进行且边加料边搅拌。

产品应用　本品主要应用于光伏太阳能硅片表面清洗。

本品清洗方法：

（1）常温下将硅片在盛有循环水的水槽中预清洗4~10min，清洗两遍。

（2）将本品的清洗剂2%~5%加入5~20倍的水中，搅拌均匀后将清洗槽加热至40~70℃后，但不要超过70℃，开启超声波清洗5~10min。

（3）将硅片再放入盛有循环水的水槽中常温漂洗4~10min，漂洗两遍。

（4）将硅片快速风干处理以备后用。

产品特性　本品清洗剂为淡黄色液体，pH值11~13，有害金属杂质含量小于$1\mu L/L$。本清洗剂优点在于：清洗剂自身对污垢有很强的反应、分散或溶解清除能力，可较彻底地除去污垢；清洗污垢的速度快，溶垢彻底；清洗所用药剂便宜易得，并立足于国产化，成本低；清洗不造成过多的资源消耗；清洗剂对环境无毒或低毒，绿色环保，不易燃易爆，使用安全。本品与传统的硅片清洗剂相比，单位成本相当于或略低于传统清洗工艺，能在常温条件下进行洗涤操作，去油污和顽垢能力强，洗净效果达99%，返片率几乎为0，仅为传统清洗工艺的1/20~1/10，大大节省了成本，提高了企业的社会效益和经济效益。

配方133　铜管外表面清洗剂

原料配比

原料	配比（质量份）											
	1#	2#	3#	4#	5#	6#	7#	8#	9#	10#	11#	12#
C_8~C_{12}的饱和直链烷烃	50	90	75	70	60	55	75	80	70	75	65	60
丙酮	3	9.8	—	—	5	8	—	—	—	—	—	—
三氯乙烯	26.5	—	20	15	16.5	—	—	—	24.8	16.8	19.5	19.5
四氯乙烯	20	—	9.9	—	19.5	20	9.7	5.5	—	—	—	—
二氯甲烷	—	—	15	9.9	—	—	15	14	5	8	15	20
苯并三氮唑	0.5	0.2	0.1	0.1	0.5	0.5	0.3	0.5	0.2	0.2	0.5	0.5

制备方法　将各组分加入密闭容器中，在10~30℃下反应1h即可。

产品应用　本品主要应用于铜管生产过程中的铜管外表面清洗。

产品特性

（1）去污能力强，可迅速彻底清除铜管表面的油污、粉尘、铜屑等杂质。

（2）挥发速度适中，既能满足缠绕的要求，又能防止因清洗剂挥发太快造成浪费；并且清洗剂可挥发彻底，不留残迹，确保从清洗完至退火前的时间内，能够彻底挥发，避免退火时给铜管外表和设备带来损害。

（3）对各种金属、纤维、橡胶和塑料均安全，无腐蚀性；对铜管有一定的抗氧化作用。

（4）本品配方合理，配伍性好，同时清洗后的废液便于处理排放，符合环保要求，对设备的腐蚀性低，使用安全。

配方 134　铜及铜合金型材表面清洗剂

原料配比

原料	配比（质量份）			
	1#	2#	3#	4#
乙醇	5	3	—	—
正丙醇	—	—	3	5
二乙醇胺	—	—	—	1
三乙醇胺	0.67	1	1	—
脂肪醇聚氧乙烯醚	1	0.67	1	0.67
水	加至100			

制备方法　将各原料混合溶于水中，搅拌均匀。

原料介绍　本清洗剂包括羟基醇类、醇胺类、碱和水，还加入了聚氧乙烷缩合物型的非离子表面活性剂，例如，脂肪醇聚氧乙烯醚、脂肪胺聚氧乙烯醚、烷基苯酚聚氧乙烷缩合物 OP、聚氧乙烯山梨醇酐单棕榈酸酯、吐温-40 或脂肪醇聚氧乙烯醚硅烷及它们的各种混合物或衍生物等，以脂肪醇聚氧乙烯醚为最佳。

这种表面活性剂具有强助热还原反应作用，它还能与铜或铜合金型材里面的还原铜配位起阻氧化作用，而且还具有有效的消泡作用。因此使用本技术提供的还原性清洗剂，可获得光亮或无氧化皮膜的铜或铜合金型材表面，消除了清洗过的型材表面存在的干涉杂色现象，使得清洗剂中含还原物质羟基醇在浓度特低时仍具有高还原作用。另外因其活性剂还具有有效的消泡作用，也使得清洗剂中醇胺含量波动范围变宽，所以本清洗剂使用方便、容易操作和控制，更重要的是使用本清洗剂可大大提高清洗效率和质量，而且使得清洗过的铜或铜合金表面质量稳定。

低分子量脂肪族醇为二元、三元羟基醇如乙醇、丙醇、异丙醇，醇烷胺为二乙醇胺、三乙醇胺，表面活性剂为高级脂肪族胺、高级脂肪醇醚等及其衍生物。它应具有好的溶解性及表面吸着力，其高级脂肪族醇为最佳，如脂肪醇聚氧乙烯醚能有效防止清洗剂中溶解氧使铜或铜合金型材再氧化变色。

产品应用　清洗剂在清洗时 pH 值应在 7 以上，最佳控制在 pH 值为 8～14。用碱金属氢化物来调节 pH，以防止还原剂本身氧化产品羧酸，降低热反应还原效力。使用时，将清洗剂用 NaOH 调 pH 值为 9，将 ϕ 8mm 铜或铜合金杆在大气中加热到 600～800℃，经过清洗取出后表面光亮洁净，无干涉杂色，光亮保存期 3 天左右。

产品特性　本清洗剂热反应速度快，容易控制操作，不但适合于静态清洗，而且更适合于连铸连轧的铜或铜合金型材生产的在线清洗。

配方 135　铜清洗剂

原料配比

原料	配比（质量份）
松节油	3.7
石蜡	24.4
甘油三油酸酯	4.9
河砂	12.2
氧化铁红	6.1
油酸	48.7

制备方法　将油酸和石蜡加热混合均匀后，与松节油和甘油三油酸酯混合均匀，再加入粉料调匀即可。

产品应用　本品主要应用于铜的清洗。

产品特性

(1) 原料简单易得，制备工艺简单。

(2) 生产成本低，用途广泛。

(3) 无毒无污染。

(4) 使用效果好，使用后铜的表面光鲜如新。

配方 136　无磷常温脱脂粉

原料配比

原料	配比（质量份）				
	1#	2#	3#	4#	5#
氢氧化钠	30	25	35	32	28
五水偏硅酸钠	15	20	18	16	25
碳酸钠	25	25	20	22	26

续表

原料	配比（质量份）				
	1#	2#	3#	4#	5#
烷醇酰胺	3	3	2.8	2.2	1.5
乙二胺四乙酸二钠	2	1.5	1.2	1.8	2.5
柠檬酸钠	15	24	18.5	16	10
脱臭煤油	2.5	1	2	2.8	3
脂肪醇聚氧乙烯醚	5	2.5	3	4	4.5

制备方法

（1）在转速为 60~80r/min 搅拌下将氢氧化钠、柠檬酸钠、五水偏硅酸钠、碳酸钠、乙二胺四乙酸二钠、烷醇酰胺分别加入搅拌釜中在常温常压下搅拌均匀；

（2）在另一个容器中将脂肪醇聚氧乙烯醚加热至 60~70℃ 熔化成液体，慢慢加入搅拌釜中搅拌均匀；

（3）用无水乙醇将脱臭煤油按质量比 1:1 比例稀释装入喷壶，慢慢喷洒到搅拌釜中充分搅拌均匀。

产品应用 本品主要应用于钢铁材料表面清洗。

产品特性 本脱脂粉不采用含磷原料，选用稳定性能、配合效果、生物降解、分散能力、助洗效果均较好的柠檬酸钠替代葡萄糖酸钠，用烷醇酰胺替代平平加，使脱脂防锈能力得以加强，使用脂肪醇聚氧乙烯醚替代十二烷基硫酸钠，形成低泡，易冲洗。使用时，配制成 3%~5% 的水溶液，在 20~40℃ 的常温下，将钢铁材料浸泡 3~10min，再喷淋 1~3min 即可，脱脂效果好，也可用刷洗、超声波和滚筒清洗。废水中不含磷化合物，易生物降解，避免环境污染。本品的配制方法中原料配比合理、优化，操作工艺简便、规范，能保证产品质量。

配方 137 有机溶剂乳化清洗剂

原料配比

原料	配比（质量份）
二乙二醇	40
乙二胺四乙酸	12
猪油	3
正癸烷	加至 100

制备方法 在室温条件下依次将上述质量配比的二乙二醇、乙二胺四乙酸、猪油加入正癸烷中，搅拌至形成均匀的溶液即可。

产品应用　本品主要应用于金属清洗。

清洗方法：

（1）取清洗剂清洗。清洗剂放入第一槽内，加热到 30～50℃，将需清洗的金属材料放入第一槽，进行超声，超声频率控制在 18～80kHz，超声时间控制在 5～7min。

（2）用去离子水超声。将去离子水放入第二槽，加热到 30～60℃，将金属材料从一槽中取出，放入二槽，进行超声，超声频率控制在 18～80kHz，超声时间控制在 5～7min。

（3）用去离子水超声。将去离子水放入第三槽，无须加热，将金属材料从二槽中取出，放入三槽，进行超声，超声频率控制在 18～80kHz，超声时间控制在 1～3min。

（4）喷淋。用常温的去离子水喷淋，时间为 1～3min。

（5）烘干。时间为 3～5min。

上述所说步骤（5）中的烘干方式可以采用热风或红外进行，本实施例采用热风烘干。

经过上述步骤清洗后的表面，经过放大镜检测，表面洁净无明显的油脂残留、指纹等污染物，一次通过率达到85%，优于正常水平。

产品特性　本品配方科学合理，生产工艺简单，不需要特殊设备；清洗能力强，节省人力和工时，提高工作效率并且使用安全可靠，利于降低设备成本。

配方 138　有色金属除锈清洗剂

原料配比

原料	配比（质量份）					
	1#	2#	3#	4#	5#	6#
三聚磷酸钠	10	—	—	7	9	—
磷酸钠	—	6	—	—	—	—
二磷酸钠	—	—	6	—	—	—
偏磷酸钠	—	—	—	—	—	9
聚合度为20的脂肪醇聚氧乙烯醚（AEO-20）	5	—	—	—	—	—
聚合度为10的脂肪醇聚氧乙烯醚（AEO-10）	—	5	—	—	—	—
聚合度为40的脂肪醇聚氧乙烯醚（AEO-40）	—	—	5	—	—	—
壬基酚聚氧乙烯醚（NP-10）	—	—	—	6	—	—
壬基酚聚氧乙烯醚（NP-20）	—	—	—	—	5	—
聚乙二醇（PEG600）	—	—	—	—	—	5
氢氧化钾	2	—	—	4	—	—

续表

原料	配比（质量份）					
	1#	2#	3#	4#	5#	6#
氢氧化钠	—	—	3	—	—	3
氨水	—	3	—	—	—	—
乙醇胺	—	—	—	1	—	—
碳酸钠	—	—	—	—	3	—
水	加至100					

制备方法 在室温下依次将磷酸盐、表面活性剂、pH 调节剂加入水中，搅拌混合均匀，即为清洗剂成品。

原料介绍 所述磷酸盐是磷酸钾、磷酸钠、二磷酸钾、二磷酸钠、三聚磷酸钠、三聚磷酸钾、偏磷酸钾、偏磷酸钠、多聚磷酸钠或多聚磷酸钾。

所述表面活性剂是非离子表面活性剂。该非离子表面活性剂是脂肪醇聚氧乙烯醚、壬基酚聚氧乙烯醚、脂肪酸聚氧乙烯酯或聚乙二醇。脂肪醇聚氧乙烯醚是聚合度为 9 的脂肪醇聚氧乙烯醚（AEO-9）、聚合度为 10 的脂肪醇聚氧乙烯醚（AEO-10）、聚合度为 20 的脂肪醇聚氧乙烯醚（AEO-20）或聚合度为 40 的脂肪醇聚氧乙烯醚（AEO-40）；壬基酚聚氧乙烯醚为聚合度为 4 的壬基酚聚氧乙烯醚（AEOP-4）、聚合度为 10 的壬基酚聚氧乙烯醚（AEOP-10）、聚合度为 20 的壬基酚聚氧乙烯醚（AEOP-20）；脂肪酸聚氧乙烯酯是逐级释放型脂肪酸聚氧乙烯酯（SG）、聚合度为 10 的脂肪酸聚氧乙烯酯（AE-10）或者聚合度为 15 的脂肪酸聚氧乙烯酯（AE-15）；聚乙二醇是羟基数为 600 的聚乙二醇（PEG600）、羟基数为 800 的聚乙二醇（PEG800）或羟基数为 1000 的聚乙二醇（PEG1000）。

所述 pH 值调节剂是有机碱和无机碱中的一种或其组合。所述无机碱是氢氧化钠、氢氧化钾、碳酸钠、碳酸钾、碳酸氢钠、碳酸氢钾或氨水；所述有机碱是多羟多胺或胺。多羟多胺是四羟基乙二胺、六羟基丙基丙二胺、N-羟甲基四羟基苯二胺或二烷基羟基乙二胺；胺是乙醇胺、二乙醇胺或三乙醇胺。

产品应用 本品主要应用于有色金属清洗。

清洗方法：清洗采用 28kHz 的超声波清洗设备，将金属制品放置在清洗设备中，加入清洗剂和 15~20 倍体积的纯水混合液，控制清洗温度为 65~70℃，清洗 5~6min，取出，干燥，用肉眼在日光灯下观察，金属制品表面无锈迹残留，表面光亮，清洗后 24h 内表面仍无发乌现象。

产品特性 本品配方科学合理，生产工艺简单，不需要特殊设备，仅需要将上述原料在室温下进行混合即可；清洗能力强，清洗时间短，节省人力和工时，提高工作效率，且具有除锈和防锈功效。本清洗剂呈碱性，对设备的腐蚀性较低，使用安全可靠，并利于降低设备成本。另外，本清洗剂为水溶性液体，不含有对人体有害的物质，清洗后的废液便于处理排放，符合环境保护要求。

配方 139　重垢低泡型金属清洗剂

原料配比

原料	配比（质量份）
聚乙二醇辛基苯基醚	5
磷酸酯盐	4
无水硅酸钠	32
二丙酯醇甲醚烷醇酰胺	5
氨基苯磺胺	3
丁二醇	5
水	加至 100

制备方法　将各组分混合并搅拌均匀，使用时，按清洗污垢的程度，用水稀释至所需要求即可。

产品应用　本品主要应用于清洗金属。将清洗剂用水稀释至30%，经使用后，分别测得其清洗率为95%，pH 值为 9.0~9.3，防锈性能为 0 级（表面无锈，无明显变化）。

产品特性　本品对清洗金属表面重垢有明显作用，具有低泡、高效、对金属表面无腐蚀、稳定性好、安全环保、对人体无直接伤害的优点。

配方 140　铸铁柴油机主机缸体常温清洗防锈剂

原料配比

原料	配比（质量份）		
	1#	2#	3#
三聚磷酸钠	2	8	3
六偏磷酸钠	2	8	3
五水偏硅酸钠	2	10	4
重碱	1	4	2
QYL-23	8	12	10
AEO	3	6	4
JFC	0.1	1.2	0.6

续表

原料	配比（质量份）		
	1#	2#	3#
聚乙二醇	4	6	5
磺化蓖麻油	3	5	4
拉开粉	0.2	2	0.8
消泡剂	3	5	5
水	加至 100		

制备方法 先将计算量的水加入专用反应釜中，加热到 40～50℃，开动搅拌器按 350～450r/min 的速度进行搅拌，并依次加入计量的三聚磷酸钠、六偏磷酸钠、五水偏硅酸钠、重碱、拉开粉、消泡剂，边搅拌边降温到 30℃ 以下时，再依次加入计量的 QYL-23、AEO、JFC、聚乙二醇、磺化蓖麻油充分搅拌 1h，使反应釜中的溶液呈米黄色均匀透明的水溶性液体，即可抽样检查并放料包装。

产品应用 本品主要应用于铸铁柴油机主机缸体的清洗。

清洗工艺参数如下：使用浓度 5%（质量分数），清洗温度常温，清洗压力 0.2～0.6MPa，清洗时间 2min。

产品特性 本品可在常温下进行作业，无须加温设备，使设备简化，节约能源；同时具有防锈功能，无须在下道工序中单独进行防锈处理，工艺简单，成本低。本品的方法好操作，易控制。

配方 141 酸性水基金属清洗剂

原料配比

原料	配比（质量份）
羟基乙酸	6
硫酸钠	3
烷基磷酸酯	0.2
水	加至 100

制备方法 将各组分溶于水中，混合均匀。

原料介绍 本酸性水基清洗剂含有羧酸、酯类表面活性清洗剂及无机盐类，所述羧酸是 C_2-C_7 的，至少含有一个羟基和一个 α-羧基的醇酸，所述酯类表面活性清洗剂是烷基磷酸酯，所述无机盐类是硫酸盐。

至少含有一个羧基和一个 α-羟基的醇酸和羟基乙酸、乙烯基乙醇酸、酒石酸、乳酸、柠檬酸、半乳糖酸、葡萄糖酸等，因为对金属离子有螯合作用，常常使溶解热大为增加，这是它们用作有良好洗涤能力的金属清洗剂的一个重要原因。但是，为了获得更好的洗涤效果，还必须掺入某些表面活性材料以及无机盐类。因为焊接区域的清洗不仅要去除残留的钎剂余渣，还要能除去金属表面因受热而生成的氧化物等等，这就要求清洗剂既能使应予洗去的物质松化并从基体上脱落，还要能较为快速地将它们溶解；另外，还不应让基体材料受到较明显的影响。在酸性水溶液中的无机盐类如硫酸盐就有松化钎剂残渣的作用；而烷基磷酸酯（如6503）因其在盐类电解质水溶液中有很高的溶解度，特别适宜于热处理后的除盐清洗等操作，同时它们对黑色金属表现出缓蚀性能。以上三种物质的恰当组合即是本技术的基本原理。

产品应用　欲洗涤使用钢合金或银合金钎料的焊接构件时，可将构件除油、冷水漂洗后，置入本酸性水基洗涤剂浸泡 2～5min，洗涤剂适宜工作温度50～80℃，到时候取出构件，在清水中漂洗，吹（烘）干，再用薄膜置换型防锈油脱水防锈即可。若是洗涤铝合金焊接件（气焊），则清洗液只需加热至40～60℃，构件浸泡时间亦相应缩短，随后以清水漂洗，吹干并按需防锈。当洗涤对象是不锈钢钎焊件时，本清洗液的工作温度应高于80℃，构件入槽时间也应延至15min 以上，有时还需动用铜丝刷等辅助工具以除净表面氧化物，最后以洁净冷水漂洗、吹（烘）干。

产品特性　本水基金属清洗剂具有通用性好、洗涤质量高、配制成本低及不会造成公害等特点，在机械制造行业中的应用前景极佳。

配方 142　酸性清洗剂

原料配比

原料	配比（质量份）	
	1#	2#
磷酸	3	3
辛基酚聚氧乙烯醚	2	2
无水柠檬酸	4	4
甲乙酮	3	—
丁酮	—	3
水	88	88

制备方法　按上述质量配比称取原料后，将水加热到30～60℃，在搅拌状态下加入无水柠檬酸和酮类，溶解后加入辛基酚聚氧乙烯醚和磷酸，充分溶解后，冷却，经110～130目网过滤即得成品。

原料介绍　所述甲乙酮（MEK）也可采用过氧化甲乙酮或接枝共聚物的甲乙酮替代。

所述丁酮也可采用3－卤代丁酮化合物、4－（甲基亚硝胺基）－1－（3－

吡啶基）－1－丁酮、二苯基氮杂环丁酮、萘丁酮、1－邻羟基苯基丁酮、1－对羟基苯基丁酮、甲基异丁酮、丁酮－2、2－丁酮、甲苯－丁酮、1－（4－氯苯氧基）－1－（咪唑基）－3，3－二甲基丁酮或顺－1－苯基－3－（1－乙氧乙基）－4－苯基氮杂环丁酮替代。

产品应用　本品广泛适用于不锈钢和其他有色金属、镀件、陶瓷等的清洗，能使其清洗后光亮如新。

产品特性　本酸性清洗剂使用方便，环保安全，制备工艺简单。

配方143　脱脂清洗剂

原料配比

原料	配比（质量份）	
	1#	2#
二氯甲烷	92.5	—
乙醇	6.5	5
乙酸乙酯	1	0.5
HCFC－141b	—	84.5
HCFC－123		10

制备方法　将各组分按上述配比称量质量后置于容器中，搅拌使之混合均匀，然后用600目的过滤器进行加压过滤，即得所需的脱脂清洗剂。

产品应用　本产品兼有低毒、易挥发、不可燃及对臭氧层破坏小和脱脂能力强等特点，既可作为固体表面的脱脂清洗剂，也可作为一般的工业溶剂。

产品特性　本产品选择对臭氧层破坏小且毒性低的二氯甲烷或HCFC－141b、HCFC－123作为清洗剂的组分和阻燃剂，选用来源广、价格便宜、毒性低的乙醇作为溶剂的组分；选择毒性低的乙酸乙酯或丁酮来活化乙醇，使整个清洗剂去污能力强、毒性低、对臭氧层破坏小。

配方144　重油污清洗剂

原料配比

原料	配比（质量份）					
	1#	2#	3#	4#	5#	6#
固态抑蚀剂	2	2.3	2.6	3.0	3.4	3.6
磷酸钠（工业纯）	1.5	1.9	2.3	2.7	3.1	3.5
碳酸钠（工业纯）	1	1.3	1.5	1.3	2.1	2.5
椰油酸二乙醇酰胺	0.3	0.3	0.4	0.5	0.55	0.6
水	加至100					

制备方法　将各组分在常温下混合而成。

原料介绍　合成洗涤剂中必须含有一定量的表面活性剂和洗涤助剂，这些助剂除具有去油污能力外，还应具有跟表面活性剂的协同作用，以便使合成洗涤剂具有增效作用。这样才能有助于提高合成洗涤剂的去油能力、洗涤能力等综合性能。本技术是将可降低水表面张力且既可脱脂又可除矿物油的椰油酸二乙醇酰胺非离子表面活性剂（俗名尼纳尔）及具有抑蚀作用的抑蚀剂，与碱金属碳酸盐和碱金属磷酸盐按规定量混合而成。上述抑蚀剂是由氢氧化钠（工业纯）与硅酸钠（模数为 2.5～3.0）混合而成的，它既具有强碱性，又具有抑制腐蚀作用。

产品应用　本品适用于清洗铝及其合金材料和锌材料，还可用于清洗地面、塑料及玻璃制品以及各种机器、设备，如汽车、发动机、车床等上面的油污。

把沾有重油污的铝质板翅式热交换器的零件铝合金复合板和铝合金翅片，分别浸入清洗液中，常温（18℃）下进行清洗，浸泡 3～5min，被清洗的复合板和翅片表面便呈现出原有的光亮光泽，并可保证复合板表面层的厚度及翅片厚度不变的要求，当把已清洗干净的物体从清洗液里取出时，其表面不再沾油污，即无二次污染，这样可大大提高钎焊缝的质量及换热器的体膨胀强度，从而保证了铝质板翅式热交换器的质量。若把浸泡时间延长至 1h、8h、24h、7 天时，被清洗的铝合金复合板和铝合金翅片仍呈现出与其浸泡 3～5min 时完全相同的状况。结果表明，本品不仅除油污能力强，清洗时间短，而且不产生腐蚀作用。

产品特性　由于本品中除含有规定量的碱金属磷酸盐、碱金属碳酸盐及水外，还含有规定量的抑蚀剂及规定量的非离子表面活性剂椰油酸二乙醇酰胺，所以在常温下使用本清洗剂清洗铝及其合金材料和锌材料时，没有腐蚀性。本品洗涤时间短，洗涤效果好。并且无气泡，不变黑，清洗干净之后的材料表面呈现出金属原有的光泽。既省工、又省时。又由于所用的原材料易购，价格便宜，故成本低。

配方 145　黑色金属粉末油污清洗剂

原料配比

原料	配比（质量份）		
	1#	2#	3#
碳酸钠	8	10	3
硅酸钠	3	1	5
净洗剂 TX-10	2	1	0.3
正丁醇	0.3	2	1
水	100	95	90

制备方法　只需将各组分按比例混合，搅拌均匀即可。

产品应用　本品用于清洗黑色金属粉末表面油污。

产品特性　本品可洗净纳米级粉末表面的油污，检测铁粉的洁净率达96%，且清洗效果好。

配方146　轴承专用清洗剂

原料配比

原料	配比（质量份）	
	1#	2#
十二烷基苯磺酸钠	10	—
烷基醚磷酸酯三乙醇胺盐	—	8
壬基酚聚氧乙烯醚	5	2
六亚甲基四胺	2	2
苯并三氮唑	0.5	0.5
甲基硅氧烷	3.0	3.0
乙二胺四乙酸钠	1	1
水	78.5	80.5

制备方法　首先将水加于搅拌釜中，然后将表面活性剂、缓蚀剂、消泡剂、螯合剂依次加入搅拌釜中，边加料边搅拌，待全部加完后，再搅拌5min，充分混合均匀后，即成成品。

原料介绍　上述表面活性剂为十二烷基苯磺酸钠、壬基酚聚氧乙烯醚、烷基醚磷酸酯三乙醇胺盐中的两种；缓蚀剂为六亚甲基四胺、苯并三氮唑、三乙醇胺、硫脲中的一种或两种；消泡剂为甲基硅氧烷；螯合剂为乙二胺四乙酸钠、羧甲基丙醇二酸钠中的一种。

产品应用　本品用于轴承清洗。

产品特性　本品为一种水基型清洗剂，具有清洗洁净、防锈、低泡、防火、环保等特点和功效。

参考文献

中国专利公告

CN - 201210139155.4
CN—201310563291.0
CN—201210159117.5
CN—201410084788.9
CN—201410352656.X
CN—201310004105.X
CN—201210402115.4
CN—201410665682.8
CN—201210337462.3
CN—201210365617.4
CN—201410304256.1
CN—201310537797.4
CN—201310063823.4
CN—201310607849.0
CN—201310537639.9
CN—201110362824.X
CN—201410701476.8
CN—201310589302.2
CN—201310523615.8
CN—201410695215.X
CN—201410328230.0
CN—201410433986.1
CN—201310617190.7
CN—201310678597.0
CN—201310704316.4
CN—201310265423.1
CN—201410341316.7
CN—201210258995.2

CN—201310739174.5
CN—201310258570.6
CN—201310709574.1
CN—201310718222.2
CN—201410233135.2
CN—201210351950.X
CN—201310240042.8
CN—201410352638.1
CN—201210241272.1
CN—201410283501.5
CN—201410358739.X
CN—201410352622.0
CN—201310563285.5
CN—201210323986.7
CN—201210278826.5
CN—201210278236.2
CN—201410615643.7
CN—201510063126.8
CN—201410730935.5
CN—201410665872.X
CN—201310300239.6
CN—201310523512.1
CN—201210098888.8
CN—201410283484.5
CN—201310616394.9
CN—201210487055.0
CN—201310061544.4
CN—201310070010.8

CN—201210239000.8
CN—201310305440.3
CN—201410341311.4
CN—201410075838.7
CN—201310608350.1
CN—201410087981.8
CN—201410524520.2
CN—201310753497.X
CN—201310248956.9
CN—201410171064.8
CN—201410327990.X
CN—201510027683.4
CN—201110453826.X
CN—201310151411.6
CN—201310702820.0
CN—201310589302.2
CN—201210518765.5
CN—201410057468.4
CN—201210138358.1
CN—201110453875.3
CN—201310678603.2
CN—201210203557.6
CN—201110458471.3
CN—201310678604.7
CN—201310678620.6
CN—201310060984.8
CN—201210190131.1
CN—201110255677.6

CN—201410057487. 7
CN—201110247240. 8
CN—201210326990. 9
CN—201110255865. 9
CN—201110255862. 5
CN—201110255864. 4
CN—201410145042. 4
CN—201110255945. 4
CN—201410807738. 9
CN—201310580003. 2
CN—201510305812. 1
CN—201410478531. 1
CN—201210518215. 3
CN—201310162331. 0
CN—201410446237. 2
CN—201110255693. 5
CN—201310748360. 5
CN—201110255701. 6
CN—201110255718. 1
CN—201510371836. 7
CN—201510394912. 6
CN—201510231761. 2
CN—201210386535. 8
CN—201110137842. 8

CN—201310041307. 1
CN—201310726184. 5
CN—201110004894. 8
CN—201410759794. X
CN—201210236052. X
CN—201310678617. 4
CN—201310665652. 2
CN—201310678591. 3
CN—201210488128. 8
CN—201110376992. 4
CN—201410838831. 6
CN—201110336935. 3
CN—201510091971. 6
CN—201510107576. 2
CN—201210355442. 9
CN—201210323986. 7
CN—201110399352. 5
CN—201110264150. X
CN—201310678611. 7
CN—201210186763. 0
CN—201310678613. 6
CN—201110453846. 7
CN—201310678594. 7

CN—201210518007. 3
CN—201110453889. 5
CN—201410285486. 8
CN—201110286697. X
CN—201110255681. 2
CN—201210326989. 6
CN—201410057954. 6
CN—201310678610. 2
CN—201310517071. 4
CN—201510063137. 6
CN—201410647815. 9
CN—201310678616. X
CN—201310616394. 9
CN—201110199853. 9
CN—201210316369. 4
CN—201310323889. 2
CN—201110255877. 1
CN—201110255706. 9
CN—201110255760. 3
CN—201110313589. 7
CN—201310092707. 5
CN—201210138357. 7
CN—201510109437. 3